大学数学实验教程
（第2版）

主编　成丽波　蔡志丹
　　　周　蕊　王姝娜

北京理工大学出版社
BEIJING INSTITUTE OF TECHNOLOGY PRESS

内 容 提 要

本书首先介绍了数学软件 MATLAB 的基本使用方法，随后精心设计了利用该软件在数据处理、矩阵分析、微积分、概率论与数理统计等方面的具体实验内容，着重培养学生自主探索研究数学问题和解决数学问题的能力。全书通俗易懂，每章都配备一定的实验任务用以提高学生的自主实验能力，只需具备一定的数学基础即可自学。

本书适用于高等学校的数学实验教材，既可单独讲授，也可作为高等数学、线性代数、概率统计相关课程的辅助教材。

版权专有　侵权必究

图书在版编目（CIP）数据

大学数学实验教程/成丽波等主编．—2 版．—北京：北京理工大学出版社，2015.1（2022.12 重印）

ISBN 978－7－5640－9954－1

Ⅰ.①大…　Ⅱ.①成…　Ⅲ.①高等数学－实验－高等学校－教材　Ⅳ.①O13－33

中国版本图书馆 CIP 数据核字（2014）第 273522 号

出版发行／北京理工大学出版社有限责任公司

社　　　址／北京市海淀区中关村南大街 5 号

邮　　编／100081

电　　话／（010）68914775（总编室）
　　　　　　82562903（教材售后服务热线）
　　　　　　68944723（其他图书服务热线）

网　　址／http：//www.bitpress.com.cn

经　　销／全国各地新华书店

印　　刷／北京虎彩文化传播有限公司

开　　本／710 毫米×1000 毫米　1/16

印　　张／10.25　　　　　　　　　　　　　责任编辑／陈莉华

字　　数／178 千字　　　　　　　　　　　　文案编辑／陈莉华

版　　次／2015 年 1 月第 2 版　2022 年 12 月第 13 次印刷　责任校对／孟祥敬

定　　价／32.00 元　　　　　　　　　　　　责任印制／李志强

图书出现印装质量问题，请拨打售后服务热线，本社负责调换

前　言

本书主要针对高等学校理工科、经管各专业开设数学实验课所编写的教材，以介绍 MATLAB 软件在数学教学中的应用为主要内容，充分结合理工科各专业特点，将现代数学方法与多个领域应用案例紧密结合，着重培养学生的数学建模能力和应用计算机工具解决问题的能力。编写教材时，力求结构紧凑、严谨，语言简洁、易懂，向学生提供一本体系简洁、易读、实用的数学实验教材。

数学实验课程是一种新的教学模式，是大学数学课程的重要组成部分。它将数学知识、数学建模与计算机应用三者融为一体，通过数学实验课程，学生自己动手计算体验解决实际问题的全过程，了解数学软件的使用。它的指导思想：首先是为了进一步提高学生"用数学"能力的一项数学教改试验。数学教学中两种能力——"算数学"（计算、推导、证明等）与"用数学"（实际问题建模及模型结果的分析、检验、应用）的培养应该并重。其次是充分利用计算机技术提供的有利条件，加强学生自己动手和独立思考的能力。计算机强大的运算、图形功能和方便的数学软件，使学生可以自由地选择算法和软件，在屏幕上通过数值的、几何的观察、联想、类比，去发现线索，探讨规律。最后是激发学生进一步学好数学的兴趣，促成数学教学的良性循环。让学生用喜欢"玩"的计算机解决简化的实际问题，亲身感受"用数学"的酸甜苦辣，"做然后知不足"。

全书共分为 6 章：第 1 章　MATLAB 软件的初步知识，第 2 章　MATLAB 数据处理及矩阵分析，第 3 章　利用 MATLAB 绘制函数图形，第 4 章　微积分实验，第 5 章　概率论与数理统计实验，第 6 章　MATLAB 应用实例；每章均安排了一定的实验任务。通过这些内容的学习，使学生深入理解高等数学、线性代数和概率统计课程中的基本概念和基本理论，熟练地使用

MATLAB 软件，运用所学知识建立数学模型，培养学生使用计算机解决实际问题的能力。

本书第 1、2 章由蔡志丹编写，第 3 章由周蕊编写，第 4、5 章由王姝娜编写，第 6 章由成丽波编写。成丽波负责全书的统稿和定稿工作。

由于编者水平有限，难免有错误和不妥之处，敬请广大读者批评指正。

编　者

目 录

第1章　MATLAB 软件的初步知识 ·· 1
　1.1　MATLAB 概述 ··· 1
　　1.1.1　MATLAB 的发展 ··· 1
　　1.1.2　MATLAB 的常用命令 ··· 2
　1.2　MATLAB 的操作界面简介 ··· 5
　1.3　命令窗口操作 ·· 6
　　1.3.1　命令窗口简介 ·· 6
　　1.3.2　命令窗口使用 ·· 7
　1.4　M 文件 ··· 9
　1.5　help 帮助系统 ··· 11
　1.6　本章小结 ·· 12
　1.7　习题 ··· 12

第2章　MATLAB 数据处理及矩阵分析 ···································· 13
　2.1　MATLAB 数据的特点 ··· 13
　2.2　变量及其操作 ··· 13
　2.3　矩阵的表示 ··· 15
　　2.3.1　数值矩阵的生成 ·· 15
　　2.3.2　符号矩阵的生成 ·· 17
　　2.3.3　大矩阵的生成 ·· 18
　　2.3.4　多维数组的创建 ·· 19
　　2.3.5　特殊矩阵的生成 ·· 20
　2.4　矩阵运算 ·· 22
　　2.4.1　加、减运算 ·· 22

2.4.2　乘法 ………………………………………………………… 23
　　2.4.3　除法运算 …………………………………………………… 25
　　2.4.4　矩阵乘方 …………………………………………………… 26
　　2.4.5　矩阵函数 …………………………………………………… 26
　　2.4.6　矩阵转置 …………………………………………………… 30
　　2.4.7　矩阵的行列式 ……………………………………………… 31
　　2.4.8　矩阵的逆 …………………………………………………… 31
　　2.4.9　矩阵的迹 …………………………………………………… 31
　　2.4.10　矩阵的秩 …………………………………………………… 32
　　2.4.11　矩阵元素个数的确定 ……………………………………… 32
　　2.4.12　特殊运算 …………………………………………………… 33
　　2.4.13　符号矩阵运算 ……………………………………………… 35
2.5　秩与线性相关性 ……………………………………………………… 38
　　2.5.1　向量组的秩以及向量组的线性相关性 …………………… 38
　　2.5.2　求行阶梯矩阵及向量组的极大无关组 …………………… 39
2.6　线性方程组的求解 …………………………………………………… 40
　　2.6.1　求线性方程组的唯一解或特解 …………………………… 41
　　2.6.2　求齐次线性方程组的通解 ………………………………… 46
　　2.6.3　求非齐次线性方程组的通解 ……………………………… 48
2.7　特征值与二次型 ……………………………………………………… 50
　　2.7.1　特征值与特征向量的求法 ………………………………… 50
　　2.7.2　正交基 ……………………………………………………… 52
　　2.7.3　二次型 ……………………………………………………… 53
2.8　本章小结 ……………………………………………………………… 54
2.9　习题 …………………………………………………………………… 54

第3章　利用 MATLAB 绘制函数图形 ……………………………………… 55
3.1　二维图形 ……………………………………………………………… 55
　　3.1.1　单窗口曲线绘图 …………………………………………… 55
　　3.1.2　单窗口多曲线分图绘图 …………………………………… 58
　　3.1.3　符号函数画图 ……………………………………………… 59

3.1.4　特殊平面图形 ·· 63
3.2　三维图形 ··· 68
　　3.2.1　三维曲线图形 ·· 68
　　3.2.2　三维曲面图形 ·· 70
3.3　图形处理 ··· 74
3.4　本章小结 ··· 79
3.5　习题 ··· 79

第 4 章　微积分实验 ·· 81

4.1　极限 ··· 81
　　4.1.1　一元函数的极限 ·· 81
　　4.1.2　多元函数的极限 ·· 82
4.2　导数 ··· 83
　　4.2.1　一元函数的导数和高阶导数 ·· 83
　　4.2.2　多元函数的偏导数 ·· 86
　　4.2.3　梯度的计算 ·· 87
4.3　积分 ··· 88
　　4.3.1　不定积分和定积分 ·· 88
　　4.3.2　重积分 ·· 90
　　4.3.3　曲线积分与曲面积分的计算 ·· 92
4.4　级数 ··· 95
　　4.4.1　级数求和 ·· 95
　　4.4.2　泰勒级数展开 ·· 98
　　4.4.3　Fourier 级数展开 ·· 100
4.5　微分方程 ··· 106
4.6　本章小结 ··· 109
4.7　习题 ··· 109

第 5 章　概率论与数理统计实验 ·· 113

5.1　概率分布与随机数的生成 ··· 113
　　5.1.1　概率分布 ·· 113
　　5.1.2　随机数的生成 ·· 121

5.2 基本统计量计算 ··· 123
5.3 参数估计 ··· 124
5.4 假设检验 ··· 127
    5.4.1 单个正态总体均值的假设检验 ······················ 127
    5.4.2 两个正态总体均值差的检验 ························· 129
    5.4.3 中值检验 ··· 130
5.5 方差分析 ··· 131
    5.5.1 单因素方差分析 ···································· 131
    5.5.2 双因素方差分析 ···································· 133
5.6 回归分析 ··· 135
5.7 本章小结 ··· 137
5.8 习题 ·· 137

第6章 MATLAB 应用实例 ································· 140

6.1 灰色预测的 MATLAB 实现 ······························ 140
    6.1.1 灰色预测的 MATLAB 程序 ························ 140
    6.1.2 GM(1,1) 模型的精度检验 ·························· 142
    6.1.3 灰色预测应用案例 ·································· 144
6.2 线性规划问题的 MATLAB 求解 ························ 147
    6.2.1 线性规划问题模型 ·································· 147
    6.2.2 线性规划的 MATLAB 解法 ······················· 147
    6.2.3 线性规划问题实例 ·································· 149
6.3 本章小结 ··· 152
6.4 习题 ·· 152

参考文献 ·· 156

第 1 章

MATLAB 软件的初步知识

1.1 MATLAB 概述

1.1.1 MATLAB 的发展

MATLAB 名字由 MATrix 和 LABoratory 两词的前三个字母组合而成,即矩阵实验室的意思. 是源于 20 世纪 70 年代时任美国新墨西哥大学计算机科学系的 Cleve Moler 教授为学生设计的、用 FORTRAN 编写的、调用 LINPACK 和 EISPACK 库程序的"通俗易用"的接口.

1984 年由 Jack Little、Cleve Moler、Steve Bangert 合作,成立了 MathWorks 公司,并把 MATLAB 正式推向市场. MATLAB 的内核也改用 C 语言编写,而且除原有的数值计算能力外,还新增了数据图视功能.

20 世纪 90 年代,MATLAB 已经成为国际控制界公认的标准计算软件. 相对于另外三种常用的数学软件 Mathematica、Maple、Mathcad,MATLAB 的数值计算能力最为强大. MathWorks 公司于 1993 年推出了基于 Windows 平台的 MATLAB 4.0. 4.X 版在继承和发展其原有的数值计算和图形可视能力的同时,出现了以下几个重要变化:

(1) 推出了 SIMULINK,一个交互式操作的动态系统建模、仿真、分析集成环境.

(2) 推出了符号计算工具包.

(3) 新推了 Notebook.

MathWorks 公司瞄准应用范围最广的 Word,运用 DDE 和 OLE,实现了 MATLAB 与 Word 的无缝链接,从而为专业科技工作者创造了融科学计算、图形可视、文字处理于一体的高水准环境. 从 1997 年的 5.0 版起,后历经 5.1、5.2、5.3、6.0、6.1 等多个版本的不断改进,MATLAB"面向对象"的特点愈加突出,数据类型愈加丰富,操作界面愈加友善.

2004 年 7 月,推出 MATLAB 7,2013 年 3 月推出 MATLAB 8.1 版本,

MathWorks 公司实现了技术层面上的飞跃. MATLAB 大家庭有许多成员，包括应用程序开发工具、工具箱、数据存取工具、学生产品、状态流图、模块集、代码生成工具等.

1.1.2 MATLAB 的常用命令

1. MATLAB 的变量

变量名的第一个字符必须是英文字母，最多包含 31 个字符（包括英文字母、数字和下划线），变量中不得包含空格和标点符号，不得包含加减号. 变量名和函数区分字母的大小写，如 matrix 和 Matrix 表示两个不同的变量. 还要防止它与系统的预定义变量名（如 i, j, pi, eps 等）、函数名（如 who, length 等）、保留字（如 for, if, while, end 等）冲突. 变量赋值用" = "（赋值号）.

有一些变量永久驻留在工作内存中，不能再重新赋值，这些变量如表 1-1 所示.

表 1-1 变量名的特殊规则

特殊变量（常量）	含义
ans	计算结果的默认变量名
pi	圆周率
Inf 或者 inf	无穷大（如 2/0）
eps	计算机的最小数（与 1 相加，产生大于 1 的数）
flops	浮点运算次数
NaN 或者 nan	不定量（如 0/0）
i（或 j）	虚数单位
nargin	所有函数的输入变量数目
nargout	所有函数的输出变量数目
realmin	最小可用正实数
realmax	最大可用正实数

2. 常用函数

常用函数如表 1-2 所示.

表 1-2 常用函数

函数名	含义	函数名	含义
sin( )	正弦(变量为弧度)	cot( )	余切(变量为弧度)
sind( )	正弦(变量为度数)	cotd( )	余切(变量为度数)

第 1 章　MATLAB 软件的初步知识　　3

续表

函数名	含 义	函数名	含 义
asin( )	反正弦(返回弧度)	acot( )	反余切(返回弧度)
asind( )	反正弦(返回度数)	acotd( )	反余切(返回度数)
cos( )	余弦(变量为弧度)	exp( )	以 e 为底数的指数函数
cosd( )	余弦(变量为度数)	log( )	自然对数
acos( )	反余弦(返回弧度)	log2( )	以 2 为底的对数
acosd( )	反余弦(返回度数)	log10( )	以 10 为底的对数
tan( )	正切(变量为弧度)	sqrt( )	开方
tand( )	正切(变量为度数)	realsqrt( )	返回非负根
atan( )	反正切(返回弧度)	abs( )	取绝对值
atand( )	反正切(返回度数)	angle( )	返回复数的辐角主值
sum( )	向量元素求和	mod(x,y)	返回 x/y 的余数

3. 表达式和运算符

表达式由变量名、运算符和函数名组成. 运算符有算术运算符、关系运算符和逻辑运算符三种.

MATLAB 算术运算符分为两类：矩阵运算和数组运算. 矩阵运算按线性代数的规则进行运算，而数组运算则是数组对应元素间的运算，见表 1 - 3.

表 1 - 3　算术运算符

运算符	运算方式	说明	运算符	运算方式	说明
+ , -	矩阵运算	加、减	+ , -	数组运算	加、减
* , /	矩阵运算	乘、除	.*	数组运算	数组乘
\	矩阵运算	左除,左边为除数	./	数组运算	数组右除
^	矩阵运算	乘方	.\	数组运算	数组左除
'	矩阵运算	转置	.^	数组运算	数组乘方
:	矩阵运算	索引,用于增量操作	.'	数组运算	数组转置

关系运算符用于比较两个数的大小，见表 1 - 4.

表 1 - 4　关系运算符

运算符	<	>	==	<=	>=	~=
说明	小于	大于	等于	小于或等于	大于或等于	不等于

逻辑运算符用于判断对象或对象之间的某种逻辑关系,见表1-5.

表1-5 逻辑运算符

运算符	&	|	~	xor	&&	||
说明	与	或	非	异或	先决与	先决或

按照优先级别,各种运算符有下面的先后次序.
- 圆括号().
- 转置类(矩阵转置.',共轭转置',幂次.^,矩阵幂次^).
- 一元的加、减(+,-)和逻辑否(~).
- 乘除类(点乘.*,矩阵乘*,元素左右除.\,./,矩阵左右除\,/).
- 加减(+,-).
- 冒号操作符(:).
- 等于类(<,<=,>,>=,==,~=).
- 逻辑与(&).
- 逻辑或(|).
- 先决与(&&).
- 先决或(||).

4. 复数

MATLAB中复数可用多种方式表示.例如:

```
>>a1 = 1 +3i      %附加的i表示虚数
a1 =
  1.0000 +3.0000i
>>a2 = 3 -4j      %附加的j表示虚数
a2 =
  3.0000 -4.0000i
>>a3 = 2 * sqrt(-1)    %用MATLAB默认值i=j=sqrt(-1)来表示虚数
a3 =
  0 +2.0000i
```

复数的运算可以写成与实数相同的形式.特别地,有关复数的函数见表1-6.

表1-6 复数函数

函数名	abs()	real()	imag()	angle()	conj()
含义	复数的模	复数实部	复数虚部	辐角主值	复数共轭

第 1 章　MATLAB 软件的初步知识 5

例如：
```
>>a4 = 1 + log(5) * i     % * 不能去掉,否则会报错
a4 =
   1.0000 + 1.6094i
>>real(a4)     % 取实部
ans =
   1
>>fj = angle(a4)     % 输出弧度
fj =
   1.0148
```

5. 注释

MATLAB 中用"%"实现注释功能,利用这一特性可以对所做工作进行文档注释. 如果想在新的一行进行注释,必须先输入%,否则会报错.

我们可以把多条命令放在同一行,只需在中间用逗号或者分号隔开. 例如：
```
>>banana = 10;apple = 20,total = banana + apple     % 观察
      逗号与分号的不同
apple =
     20
total =
     30
```

逗号告诉 MATLAB 要显示结果,分号说明除这一条命令外还有下一条命令等待输入,MATLAB 这时不会显示中间的结果.

1.2　MATLAB 的操作界面简介

图 1-1 是操作界面的缺省外貌,呈现给我们的常用界面分别是：命令窗口（Command Window）、当前目录（Current Directory）浏览器、MATLAB 工作内存空间（Workspace）浏览器、历史指令（Command History）窗口.

我们也可根据需要自行选择所需界面,可通过 Desktop 菜单中相关选项进行设置. 恢复缺省界面的方式为：

选择命令窗口的菜单命令 Desktop→Desktop Layout→Default.

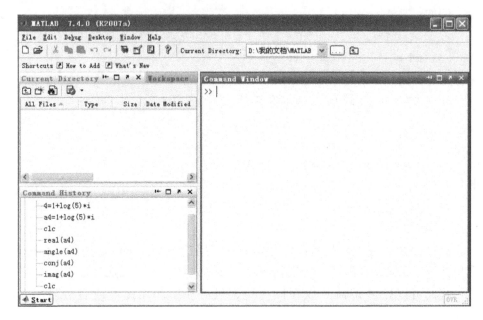

图 1-1 操作界面缺省外貌

1.3 命令窗口操作

1.3.1 命令窗口简介

命令窗口（Command Window）位于 MATLAB 操作桌面的右方，用于输入命令并显示除图形以外的所有执行结果，是 MATLAB 的主要交互窗口.

命令窗口可以从 MATLAB 操作桌面中分离出来，以方便单独显示和操作，也可以重新返回操作桌面中，其他窗口也有相同的操作. 分离命令窗口的操作有三种方式：

（1）可选中命令窗口，再选择菜单命令 Desktop→Unlock Command Window.

（2）单击窗口右上角的 ↗ 按钮.

（3）使用鼠标将命令窗口拖离操作桌面.

分离的命令窗口如图 1-2 所示.

如将命令窗口返回操作桌面，可选择命令窗口的菜单命令 Desktop→Dock Command Window，或单击窗口右上角的 ↘ 按钮.

在 MATLAB 命令窗口中可以看到有一个 " >> "，该符号为命令提示符，

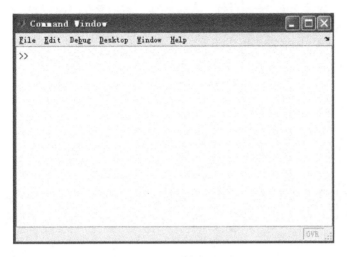

图 1-2 分离的命令窗口

表示 MATLAB 正在处于准备状态.

在命令提示符后输入命令并按回车键后,MATLAB 就会解释执行所输入的命令,并在命令后面给出计算结果. 在命令窗口里输入命令的时候,可以不必每输入一条命令就按回车键(Enter)执行,可以将几个语句一起运行,想要换行时可以先按住【Shift】键再按【Enter】键即可.

1.3.2 命令窗口使用

一般来说,一个命令行输入一条命令,命令行以按回车键结束. 但一个命令行也可以输入若干条命令,各命令之间以逗号或分号分隔. 例如:

```
>>a=1;b=2;c=a+b
c=
    3
>>a=1,b=2,c=a+b
a=
    1
b=
    2
c=
    3
```

以上两个例子都是在一个命令行输入 3 条命令,不同的是两条命令之间的分隔符不同,一个是逗号,一个是分号. 可以看出,一条命令后如果带一个分号,则该命令执行结果不显示.

又如：
```
>> A = [1,2,3,4,5,6]
A =
     1     2     3     4     5     6
>> B = [1,2,3;4,5,6]
B =
     1     2     3
     4     5     6
```

比较输入数组 **A** 和 **B**，可以看出在输入数组的时候，分号有换行的作用. 在 MATLAB 中，同一个符号在不同的命令中有不同的作用，后面的章节会有详细介绍.

有时候会碰到这样的情况，一个命令行很长，一个物理行之内写不下，可以在第一个物理行之后加上 3 个小黑点（...）并按回车键，然后接着下一个物理行继续写命令的其他部分. "..." 称为续行符，即把下面的物理行看作该行的逻辑继续. 例如：

```
>> t1 = 1 +2 +3 +4 +5 +6 +7 +8 +9 +...    %按回车键后继续输入
10 +11 +12 +13 +14                         %按回车键则显示结果
t1 =
    105
```

在使用续行符的时候，经常会遇到命令不能被正确执行，并出现红色字体的提示. 例如：

```
>> t1 = 1 +2 +3 +4 +5 +6 +7 +8 +9...
+10 +11 +12 +13 +14
??? t1 = 1 +2 +3 +4 +5 +6 +7 +8 +9...
Error:Unexpected MATLAB operator.
```

这表示 MATLAB 表达式有书写错误. 多次实验发现，在使用续行符的时候，数值的后面如果带续行符，需要先输入一个空格符，再输入续行符，就不会出现上面的提示，而变量或者数学运算符后面带续行符的时候，不需要输入一个空格符.

在使用 MATLAB 时，有时候需要输入字符串，例如：

```
>> S1 = 'hello world'
S1 =
hello world
```

可以看到，'hello world' 是以淡紫色字体显示. 另外，在编程中使用一些关键词的时候,也会以不同的颜色来显示,如输入 for、end、while 等,是以蓝色字体显示.

从以上这些例子可以看出,在命令窗口中可输入的对象除 MATLAB 命令外,还包括函数、表达式、语句以及 M 文件名或 MEX 文件名等,为叙述方便,这些可输入的对象以后通称为语句.

为了操作方便,MATLAB 不但允许用户在命令窗口中对输入命令进行各种编辑和运行操作,而且允许用户对过去已经输入的命令进行回调、编辑和重新运行.例如,按【↑】键会在提示符处调用上一次的命令,重复按键则遍历前面所有的命令.用户还可以运行 clc 指令完成对于命令窗口的清屏操作,MATLAB 命令窗口的快捷键及其功能如表 1-7 所示.

表 1-7 命令窗口的快捷键

快捷键	作用	快捷键	作用
【↑】,【Ctrl】+【P】	回调上一行	【Ctrl】+【→】	右移一单词
【↓】,【Ctrl】+【N】	回调下一行	【Ctrl】+【A】,【Home】	移至行首
【←】,【Ctrl】+【B】	回移上一字符	【Ctrl】+【E】,【End】	移至行末
【→】,【Ctrl】+【F】	前移下一字符	【Ctrl】+【U】,【Esc】	删除一行
【Ctrl】+【←】	左移一单词	【Ctrl】+【K】	从光标删除至行末
【Ctrl】+【C】	终止正在运行的程序		

1.4 M 文件

MATLAB 输入命令的常用方式有两种:
(1) 直接在 MATLAB 的命令窗口中逐条输入 MATLAB 命令;
(2) M 文件工作方式.

当命令行很简单时,使用逐条输入方式还是比较方便的.但当命令行很多时(比如说几十行乃至成百上千行命令),再使用这种方式输入 MATLAB 命令,就会显得杂乱无章,不易于把握程序的具体走向,并且给程序的修改和维护带来了很大的麻烦.这时,建议采用 MATLAB 命令的第二种输入形式,即 M 文件工作方式.

M 文件工作方式指的是将要执行的命令全部写在一个文本文件中,这样既能使程序显得简洁明了,又便于对程序的修改与维护. M 文件直接采用 MATLAB 命令编写,就像在 MATLAB 的命令窗口直接输入命令一样,因此调试起来也十分方便,并且增强了程序的交互性. M 文件与其他文本文件一样,可以在任何文本编辑器中进行编辑、存储、修改和读取.利用 M 文件还可以根据自己的需要编写一些函数,这些函数也可以像 MATLAB 提供的函数一样进行调用.从某种意义上说,这也是对 MATLAB 的二次开发.

M 文件有两种形式:一种是命令文件(脚本文件)形式;另一种是函数文件形式.两种形式的文件扩展名均是".m".

(1) 命令文件:将所有要执行的命令按顺序放到一个扩展名为".m"的文本文件中,每次运行时在 MATLAB 的命令窗口输入 M 文件的文件名,替代在命令窗口输入多条语句,一次执行成批命令.当遇到输入命令较多以及要重复输入命令的情况时,利用命令文件就显得很方便了.

(2) 函数文件:它是有特定书写规范的 M 文件.如果 M 文件第一行包含 function,则此文件为函数文件.每个函数文件都定义了一个函数,用来扩充 MATLAB 的应用范围和满足用户不同的实际需求.

需要注意的是,M 文件最好直接放在 MATLAB 的默认搜索路径下,这样就不用设置 M 文件的路径了,否则应当用路径操作命令 path 重新设置路径. 另外,M 文件名不应该与 MATLAB 的内置函数名以及工具箱中的函数重名,以免发生执行错误命令的现象.

MATLAB 对命令文件的执行等价于从命令窗口中顺序执行文件中的所有命令,命令文件可以访问 MATLAB 工作空间里的任何变量及数据,命令文件运行过程中产生的所有变量都等价于从 MATLAB 工作空间中创建这些变量. 因此,任何其他命令文件和函数都可以自由地访问这些变量. 这些变量一旦产生就一直保存在内存中,只有对它们重新赋值,它们的原有值才会变化. 关机后,这里变量也就全部消失了. 另外,在命令窗口中运行 clear 命令,也可以把这些变量从工作空间中删去. 当然,在 MATLAB 的工作空间窗口中也可以用鼠标选择想要删除的变量,从而将这些变量从工作空间中删除.

例如,编写一个名为 test.m 的命令文件,用来计算 1 到 100 的和,并把它放到变量 s 中.

第一步:创建新的 M 文件. 在 MATLAB 主菜单(或命令窗口)上选择菜单命令 File→New→M-File,如图 1-3 所示.

第二步:编写代码. 在接下来出现的编辑框中输入相应的代码,如图 1-4 所示.

第三步:保存. 利用编辑框中的菜单命令 File→Save,或者直接单击其上的图标 ![icon],就弹出一个保存文件的对话框,将文件名中的 Untitled.m 改成 test,单击"保存"按钮.

第四步:M 文件的使用. 回到 MATLAB 的主界面,在命令窗口输入如下两条命令:

第 1 章　MATLAB 软件的初步知识 11

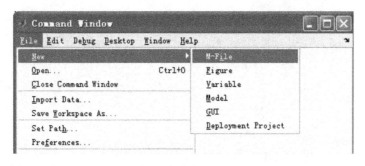

图 1-3　创建新的 M 文件

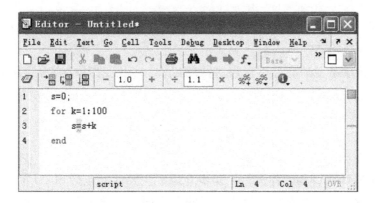

图 1-4　代码编辑框

>> test
>> s

观察结果.

1.5　help 帮助系统

MATLAB 可以通过以下几种方式获得帮助：
（1）帮助命令.
（2）帮助窗口.
（3）MATLAB 帮助界面.
（4）打印在线参考手册.
（5）MathWorks 公司网站.
下面简单介绍一下寻求帮助的两种方式：帮助命令和帮助窗口.
帮助命令是查询函数语法的最基本方法，查询信息直接显示在命令窗口中. 例如，在命令窗口键入 help sin，将显示如下信息：

```
    SIN    Sine of argument in radians.
     SIN(X) is the sine of the elements of X.
     See also asin, sind.
     Overloaded functions or methods (ones with the
        same name in other directories)
        help darray/sin.m
        help sym/sin.m
     Reference page in Help browser
        doc sin
```

注意：MATLAB 命令窗口中显示帮助信息是用大写来突出函数名，但在使用函数时要小写.

双击菜单条上的问号按钮可进入帮助窗口，帮助窗口给出的帮助信息与帮助命令给出的信息一样.

1.6 本章小结

本章对 MATLAB 软件进行了初步介绍，主要内容包括 MATLAB 的历史发展、常用命令、操作界面和命令窗口四个方面，使学生对 MATLAB 软件有一个初步的认识.

1.7 习 题

1. 试用 MATLAB 计算：

（1）$\sin\dfrac{\pi}{4} + \cos\dfrac{\pi}{3} - \ln 3$；

（2）$\log_2 5 + \sqrt{8} - e^3$；

（3）$3 - 5i$ 的实部、虚部、辐角及其共轭复数.

2. 利用 MATLAB 计算不超过 -1.305 的最大整数.

3. 输出 46789 除以 53 的余数.

4. 利用 MATLAB 帮助功能查询函数 inv、roots、solve、plot、fzero、fminbnd 的功能及用法.

5. 了解 MATLAB 常用的一至两个工具箱的用法.

6. 试自创建一个 M 文件，并保存及调用.

7. 访问 MathWorks 公司主页，了解相关产品信息.

第 2 章

MATLAB 数据处理及矩阵分析

人们常把"MATLAB"直接翻译成"矩阵工作室",顾名思义,MATLAB 在矩阵分析方面的功能非常强大.本章主要针对大学本科的线性代数课程介绍矩阵的建立、基本运算,以及有关矩阵操作和分析函数.

2.1 MATLAB 数据的特点

MATLAB 共有六种基本数据类型,即双精度型(double)、字符型(char)、稀疏型(sparse)、存储型(storage)、细胞型(cell)和结构型(struct). MATLAB 计算都采用双精度型,绝大部分函数都是对双精度矩阵和字符串操作的,其他几种数据类型用于特殊的场合.比如存储型可用于图像处理,稀疏型用于稀疏矩阵,细胞型和结构型一般用于编写大型软件.

表 2-1 列出了常用数据类型的例子.

表 2-1 常用数据类型

数据类型	举 例	解 释
double	[1,2;3,4],5+6i	双精度数值类型,是最常用的类型
char	'hello'	字符数组,每个字符占 16 位
sparse	speye(5)	双精度稀疏矩阵,只存储矩阵中的非 0 元素

数组(Array)是由一组数据排列成的长方阵列,可以是一维的行(或列),也可以是二维的矩阵,还可以是多维的.用户可以操作整个数组,也可以操作数组中的某个或者某些元素.

2.2 变量及其操作

1. 变量的赋值

MATLAB 赋值语句有两种格式:

(1)变量 = 表达式.

(2) 表达式.

其中表达式由变量、数值、函数和操作符构成.

例 2-1 计算表达式 $\dfrac{5+\cos 47°}{1+\sqrt{7}-2i}$ 的值,并将结果赋给变量 x,然后显示出结果.

解: 在命令窗口输入:

```
x = (5 + cos(47 * pi/180))/(1 + sqrt(7) - 2i)    %计算表达式
                                                    的值
```

运行结果为:

```
x =
    1.1980 + 0.6572i
```

任何 MATLAB 语句的执行结果都可以在屏幕上显示,同时赋值给指定的变量,没有指定变量时,赋值给一个特殊的变量 ans.

在 MATLAB 中创建变量时,可能会出现希望重新定义一个或多个变量的情况,例如:

```
>>banana = 10;
>>apple = 20;
>>total = banana + apple
total =
    30
>>banana = 30;
>>banana
banana =
    30
>>total
total =
    30
```

在赋值给 banana 和 apple 以后,把它们的和赋给 total,当给 banana 重新赋值时,新的 banana 值覆盖了原来的值,与电子表格不同,MATLAB 不会基于新的 banana 值计算 total 值. 当 MATLAB 做计算时,它按照执行命令时的变量取值来计算.

在 MATLAB 里,不需要用 double、char 等关键字来定义变量,MATLAB 会根据表达式的运算结果,自动确定变量的类型和大小. 数据的显示格式由 format 命令控制,format 只是影响结果的显示,不影响其计算与存储,MAT-

LAB 总是以双字长浮点数（双精度）来执行所有的运算．简要介绍 format 的用法如下：

    format short   5 字长定点数
    format long   15 字长定点数
    format rat   小数分数表示

当然也可以不用 format 命令，可以修改系统的默认设置格式：
    File→Preferences→Command Window→Text Display．

如果想得到分数可以用 rats( ) 函数，如果想得到根号，只有用符号表示，当然用符号表示是万能的．例如：

```
>>a =1/3
a =
    0.33333
>>rats(a)
a =
    1/3
>>a ='sqrt(3)'
a =
    sqrt(3)    %字符型,要转换成数值型可以用 str2num(a)
>>str2num(a)
a =
    1.7321
```

2.3　矩阵的表示

2.3.1　数值矩阵的生成

矩阵是 MATLAB 最基本、最重要的数据对象．单个数据（标量）可以看成是矩阵的特例来处理．MATLAB 的强大功能之一体现在能直接处理向量或矩阵．当然首要任务是输入待处理的向量或矩阵．

不管是任何矩阵（向量），我们可以直接按行方式输入每个元素：

（1）同一行的元素用逗号或者空格符分隔，且空格个数不限；

（2）不同行用分号或回车分隔；

（3）所有元素处于一方括号内；

（4）当矩阵是多维（三维以上），且方括号内的元素是维数较低的矩阵时,会有多重的方括号.

例 2-2 实数矩阵的创建.

解:在命令窗口输入:

```
Time = [1 2 3 4 5 6 7 8 9 10 11 12]
X_Data = [2.43 3.43;4.37 5.98]
Matrix_B = [1 2 3;
            2 3 4;
            3 4 5]
```

运行结果为:

```
Time =
1 2 3 4 5 6 7 8 9 10 11 12
X_Data =
2.43  3.43
4.37  5.98
Matrix_B = 1 2 3
           2 3 4
           3 4 5
```

MATLAB 支持复数运算,建立复数矩阵有两种方式,见下面的例子.

例 2-3 复数矩阵的创建.

解:方式一:

在命令窗口输入:

```
a = 2.7;b = 13/25;
C = [1,2*a+i*b,b*sqrt(a);sin(pi/4),a+5*b,3.5+1]
```

运行结果为:

```
C =
   1.0000              5.4000 +0.5200i    0.8544
   0.7071              5.3000              4.5000
```

方式二:

在命令窗口输入:

```
R = [1 2 3;4 5 6];M = [11 12 13;14 15 16];
CN = R + i*M
```

运行结果为:

```
CN =
   1.0000 +11.0000i   2.0000 +12.0000i   3.0000 +13.0000i
```

```
         4.0000 +14.0000i   5.0000 +15.0000i   6.0000 +16.0000i
```
在 MATLAB 中冒号是一个重要的运算符,利用它可以产生向量. 冒号表达式的一般格式为:
```
         e1:e2:e3
```
其中 e_1 为初始值,e_2 为步长,e_3 为终止值. 冒号表达式可以产生由 e_1 开始 e_3 结束,以步长 e_2 自增的行向量. 注意当 e_2 为负数时相当于自减.

linspace 函数与冒号表达式有异曲同工之妙,其调用格式为:
```
         linspace(a,b,n)
```
其中 a 和 b 是生成向量的第一个和最后一个元素,n 是元素的个数,当 n 省略时自动产生 100 个元素.

例如:
```
         >>3:2:9
         ans =
              3     5     7     9
         >>linspace(3,9,4)
         ans =
              3     5     7     9
```

2.3.2 符号矩阵的生成

在 MATLAB 中输入符号向量或者矩阵的方法和输入数值类型的向量或者矩阵在形式上很相像,只不过要借助函数 sym 定义一个符号矩阵,或者 syms 定义多个符号函数.

1. 用函数 sym 定义矩阵

函数 sym 实际是在定义一个符号表达式,这时的符号矩阵中的元素可以是任何的符号或者是表达式,且长度没有限制,只是将方括号置于用于创建符号表达式的单引号中. 例如:
```
         >>sym_digits=sym('[1 2 3;a b c;sin(x) cos(y) tan(z)]')
         sym_digits =
         [     1,       2,       3]
         [     a,       b,       c]
         [sin(x),  cos(y),  tan(z)]
```

2. 用函数 syms 定义矩阵

先定义矩阵中的每一个元素为一个符号变量,再像普通矩阵一样输入符号矩阵. 例如:

```
>>syms a b c;
M1 = sym('Classical');
M2 = sym('Jazz');
M3 = sym('Blues');
syms_matrix = [a b c; M1,M2,M3]
syms_matrix =
[         a,         b,         c]
[Classical,      Jazz,     Blues]
```

3. 把数值矩阵转化成相应的符号矩阵

数值型和符号型在 MATLAB 中是不相同的,它们之间不能直接进行转化. MATLAB 提供了一个将数值型转化成符号型的命令,即 sym.

函数:sym

格式: B = sym(A)   %将 A 转化为符号矩阵 B

例如:
```
>>A = [2/3,sqrt(2),0.222;1.4,1/0.23,log(3)]
A =
    0.6667    1.4142    0.2220
    1.4000    4.3478    1.0986
>>B = sym(A)
B =
[  2/3,    sqrt(2),                      111/500]
[  7/5,   100/23,    4947709893870346*2^(-52)]
```

注意:不论矩阵是用分数形式还是浮点形式表示的,将矩阵转化成符号矩阵后,都将以最接近原值的有理数形式表示或者是函数形式表示.

2.3.3 大矩阵的生成

对于大型矩阵,一般创建 M 文件,以便于修改.

例 2-4 用 M 文件创建大矩阵,文件名为 bigmatrix.m.

解: 新建 M 文件,在编辑器窗口输入矩阵 exam,并保存为 bigmatrix.m.
```
exam = [456    468    873    2     579   55  %同时按 Shift 和
                                                Enter 键换行
         21    687     54   488    8    13
         65   4567     88    98   21     5
        456     68   4589   654    5   987
```

5488   10   9   6   33   77]

在 MATLAB 命令窗口输入:

```
bigmatrix;
size(exam)    %显示 exam 的大小
```

运行结果为:

```
ans =
     5    6      %表示 exam 有 5 行 6 列
```

2.3.4 多维数组的创建

在 MATLAB 的数据类型中,向量可视为一维数组,矩阵可视为二维数组,对于维数超过 2 的数组均可视为多维数组.

将两个二维(平面)数组叠在一起,就构成了三维数组,第三维称为页(page).三维数组的寻址可以按(行、列、页)来确定.数组 A 是三维数组,其中 $A(:,:,1)$ 代表第一页的二维数组,$A(:,:,2)$ 代表第二页的二维数组.

函数:cat

格式: A = cat(n,A1,A2,…,Am)   %把大小相同的若干数组,沿"指定维"方向串接成高维数组

说明: $n=1$ 和 $n=2$ 时分别构造 [A1;A2] 和 [A1,A2],都是二维数组,而 $n=3$ 时可以构造出三维数组.

例 2-5 多维数组创建实例.

解: 方式一:

在命令窗口输入:

```
A1 = [1,2;3,4];A2 = A1';A3 = A1 - A2;
A4 = cat(3,A1,A2,A3)
```

运行结果为:

```
A4(:,:,1) =
     1    2
     3    4
A4(:,:,2) =
     1    3
     2    4
A4(:,:,3) =
     0   -1
     1    0
```

继续输入：
　　whos A4　　%提供 A4 的信息
运行结果为：
```
Name        Size                    Bytes   Class
A4          2x2x3                   96      double array
Grand total is 12 elements using 96 bytes
```
方式二：用原始方式定义.
在命令窗口输入：
　　A1 = [1,2;3,4];A2 = A1';A3 = A1 - A2;
　　A5(:,:,1) = A1;A5(:,:,2) = A2;A5(:,:,3) = A3
运行结果为：
```
A5(:,:,1) =
     1    2
     3    4
A5(:,:,2) =
     1    3
     2    4
A5(:,:,3) =
     0   -1
     1    0
```

2.3.5　特殊矩阵的生成

MATLAB 提供了一些特殊矩阵的生成函数，下面介绍一些常用的生成函数，它们的用法非常类似.

1. 全零阵

函数：zeros

格式：B = zeros(n)　　　　　%生成 n×n 全零阵
　　　B = zeros(m,n)　　　%生成 m×n 全零阵
　　　B = zeros(size(A))　 %生成与矩阵 A 相同大小的全零阵

2. 单位阵

函数：eye

格式：Y = eye(n)　　　　　%生成 n×n 单位阵
　　　Y = eye(m,n)　　　　%生成 m×n 单位阵
　　　Y = eye(size(A))　　 %生成与矩阵 A 相同大小的单位阵

3. 全1阵

函数:ones

格式:Y = ones(n)   %生成 n×n 全1阵
   Y = ones(m,n)   %生成 m×n 全1阵
   Y = ones(size(A))   %生成与矩阵 A 相同大小的全1阵

4. 均匀分布随机矩阵

函数:rand

格式:Y = rand(n)   %生成 n×n 均匀分布随机矩阵,其元素在 (0,1)内
   Y = rand(m,n)   %生成 m×n 均匀分布随机矩阵
   Y = rand(size(A))   %生成与矩阵 A 相同大小的均匀分布随机矩阵

例 2-6 产生一个在 [0, 1] 区间内均匀分布的 3×4 随机矩阵.

解:在命令窗口输入:

  R = rand(3,4)

运行结果为:

```
R =
    0.9501    0.4860    0.4565    0.4447
    0.2311    0.8913    0.0185    0.6154
    0.6068    0.7621    0.8214    0.7919
```

注意:通常情况下,每次调用 rand 函数生成的随机数是不同的.

例 2-7 产生一个在区间 [10, 20] 内均匀分布的 3 阶随机矩阵.

解:在命令窗口输入:

  a = 10;b = 20;
  x = a + (b - a) * rand(3)

运行结果为:

```
x =
    18.1472    19.1338    12.7850
    19.0579    16.3236    15.4688
    11.2699    10.9754    19.5751
```

5. 正态分布随机矩阵

函数:randn

格式:Y = randn(n)   %生成 n×n 正态分布随机矩阵
   Y = randn(m,n)   %生成 m×n 正态分布随机矩阵

Y = randn(size(A))   %生成与矩阵 A 相同大小的正态分布随机矩阵

例 2-8 产生均值为 0.6，方差为 0.1 的 3 阶正态分布矩阵．

解：在命令窗口输入：

mu = 0.6; sigma2 = 0.1;
x = mu + sqrt(sigma2) * randn(3)

运行结果为：

x =
    0.4632   0.6910   0.9760
    0.0733   0.2375   0.5881
    0.6396   0.9766   0.7035

6. 产生随机排列

函数：**randperm**

格式：p = randperm(n)   %产生 1 至 n 之间整数的随机排列

例 2-9 生成 1 至 6 之间整数的随机排列．

解：在命令窗口输入：

randperm(6)

运行结果为：

ans =
    3   2   1   5   4   6

2.4 矩阵运算

2.4.1 加、减运算

运算符："+"和"-"分别为加、减运算符．

运算规则：对应元素相加、减，即按线性代数中矩阵的"+"和"-"运算进行．

例如：

```
>>A=[1,1,1;1,2,3;1,3,6];
>>B=[8,1,6;3,5,7;4,9,2];
>>he=A+B,  cha=A-B
he =
    9   2   7
```

```
    4    7   10
    5   12    8
cha =
   -7    0   -5
   -2   -3   -4
   -3   -6    4
```

2.4.2 乘法

运算符：*

运算规则：按线性代数中矩阵乘法运算进行，即放在前面的矩阵的各行元素，分别与放在后面的矩阵的各列元素对应相乘并相加。

1. 两个矩阵相乘

线性代数中矩阵乘法运算可以直接通过运算符 * 完成，例如：

```
>>X =[2  3  4  5;
     1  2  2  1];
>>Y =[0  1  1;
      1  1  0;
      0  0  1;
      1  0  0];
Z = X * Y
Z =
     8   5   6
     3   3   3
```

2. 矩阵的数乘

线性代数中数 k 与矩阵 X 相乘，可通过 $k*X$ 语句实现，例如：

```
>>a = 2 * X
a =
    4    6    8   10
    2    4    4    2
```

注意：$A.*B$ 表示 A 与 B 对应元素相乘，并非矩阵乘法。

3. 向量点乘（内积）

函数：dot

格式：C = dot(A, B)

说明：A、B 若为向量，则返回向量 A 与 B 的点乘，A 与 B 长度相同；

若为矩阵,则 A 与 B 有相同的维数.

例 2-10 计算向量（-1, 0, 3）与向量（-2, -1, 1）的内积.

解：方法一：

在命令窗口输入：

　　X=[-1 0 3];
　　Y=[-2 -1 1];
　　Z=dot(X,Y)

运行结果为：

　　Z=
　　5

方法二：

在命令窗口输入：

　　X=[-1 0 3];
　　Y=[-2 -1 1];
　　U=X.*Y   %X 与 Y 中对应元素相乘
　　sum(U)

运行结果为：

　　U=
　　　　2   0   3
　　ans=
　　　　5

4. 向量叉乘（外积）

两向量的叉乘在 MATLAB 中用函数 cross 实现.

函数：cross

格式： C=cross(A,B)

说明：若 A、B 为向量,则返回 A 与 B 的叉乘,即 $C = A \times B$, A、B 必须是 3 个元素的向量；若 A、B 为矩阵,则返回一个 $3 \times n$ 矩阵,其中的列是 A 与 B 对应列的叉乘, A、B 都是 $3 \times n$ 矩阵.

例 2-11 计算垂直于向量（1, 2, 3）和（4, 5, 6）的单位向量.

解：在命令窗口输入：

　　a=[1 2 3];b=[4 5 6];
　　c=cross(a,b);
　　ec=c/sqrt(dot(c,c))   %或输入 ec=c/norm(c),借助
　　　　　　　　　　　　　　　norm()计算向量的模

运行结果为：
```
ec =
   -0.4082    0.8165   -0.4082
```
因此，垂直于向量（1,2,3）和（4,5,6）的向量为 ±(-0.408 2, 0.816 5, -0.408 2)。

说明：可以通过下面的语句验证求出的向量 *ec* 是与向量 *c* 平行的单位向量.

```
>>dot(ec,ec)      %验证ec是单位向量
ans =
    1.0000
>>c./ec           %对应分量相除,验证ec与c同向
ans =
    7.3485    7.3485    7.3485
```

5. 混合积

混合积由以上两函数实现.

例 2-12 计算向量 *a* =(1,2,3)、*b* =(4,5,6) 和 *c* =(-3,6,-3) 的混合积 (*a*×*b*)·*c*.

解：在命令窗口输入：
```
a=[1 2 3];b=[4 5 6];c=[-3 6 -3];
x=dot(cross(a,b),c)    %先叉乘后点乘,顺序不可颠倒
```
运行结果为：
```
x =
    54
```

2.4.3 除法运算

MATLAB 提供了两种除法运算：左除（\）和右除（/）. 一般情况下，*x* = *a* \ *b* 是方程 *a* * *x* = *b* 的解，而 *x* = *b*/*a* 是方程 *x* * *a* = *b* 的解. 例如：
```
>>a=[1 2 3;4 2 6;7 4 9];b=[4;1;2];
>>x=a\b      %a*x=b的解
x =
   -1.5000
    2.0000
    0.5000
>>inv(a)*b   %a*x=b的解
```

```
ans =
    -1.5000
     2.0000
     0.5000
```

如果 a 为非奇异矩阵，则 a \ b 和 b/a 可通过 a 的逆矩阵与 b 矩阵得到：

```
a\b = inv(a)*b
b/a = b*inv(a)
```

注意：$A./B$ 表示 A 中元素与 B 中元素对应相除.

2.4.4 矩阵乘方

运算符：^

运算规则：

①当 A 为方阵，p 为大于 0 的整数时，$A\hat{\ }p$ 表示 A 的 p 次方，即 A 自乘 p 次；p 为小于 0 的整数时，$A\hat{\ }p$ 表示 A^{-1} 的 $|p|$ 次方.

②当 A 为方阵，p 为非整数时，则 $A\hat{\ }p = V\begin{bmatrix} d_{11}^p & & \\ & \ddots & \\ & & d_{nn}^p \end{bmatrix}V^{-1}$，其中 V 为 A 的特征向量，$D = \begin{bmatrix} d_{11} & & \\ & \ddots & \\ & & d_{nn} \end{bmatrix}$ 为特征值对角矩阵. 如果有重根，以上命令不成立.

③标量 p 的矩阵乘方 p^A，定义为 $p^A = V\begin{bmatrix} p^{d_{11}} & & \\ & \ddots & \\ & & p^{d_{nn}} \end{bmatrix}V^{-1}$，式中 V、D 取自特征值分解 $AV = VD$.

④标量 p 的数组乘方 $p.\hat{\ }A$，定义为 $p.\hat{\ }A = \begin{bmatrix} p^{a_{11}} & \cdots & p^{a_{1n}} \\ \vdots & & \vdots \\ p^{a_{m1}} & \cdots & p^{a_{mn}} \end{bmatrix}$；数组乘方 $A.\hat{\ }p$ 表示 A 的每个元素的 p 次乘方.

2.4.5 矩阵函数

在 MATLAB 中 sqrt、exp、log 等命令也可以作用在矩阵上，但这种运算是定义在矩阵的单个元素上的，即分别对矩阵的每一个元素进行计算. 矩阵的超越函数是在上述函数后加字母 m，矩阵的超越函数可直接作用于矩阵，且必须是方阵。

1. 常用的矩阵超越函数

常用的矩阵超越函数有矩阵平方根（sqrtm）、矩阵对数（logm）、矩阵指数（expm）。

函数：expm

格式：Y = expm(A)　　%使用 Pade 近似算法计算 e^A，A 为方阵
　　　Y = expm1(A)　 %使用一个 M 文件和内部函数相同的算法计算 e^A
　　　Y = expm2(A)　 %使用泰勒级数计算 e^A
　　　Y = expm3(A)　 %使用特征值和特征向量计算 e^A

函数：logm

格式：Y = logm(X)　　%计算矩阵 X 的自然对数，它是 expm(X) 的反函数

例如：

```
>>A = [1  1  0;0  0  2;0  0  -1]
A =
    1    1    0
    0    0    2
    0    0   -1
>>Y = expm(A)
Y =
    2.7183    1.7183    1.0862
         0    1.0000    1.2642
         0         0    0.3679
>>Z = logm(Y)    %观察 Z 与 A 是否相同？
Z =
   1.0000    1.0000    0.0000
        0         0    2.0000
        0         0   -1.0000
```

函数：sqrtm

格式：X = sqrtm(A)　　　%计算矩阵 A 的平方根 $A^{1/2}$，相当于 X * X = A，求 X

说明：若 *A* 的特征值有非负实部，则 *X* 是唯一的；若 *A* 的特征值有负的实部，则 *X* 为复矩阵；若 *A* 为奇异矩阵，则 *X* 不存在。

例如：

```
>>A = [2  3;4  5];
```

```
B = sqrt(A)
C = sqrtm(A)    %比较 sqrt 与 sqrtm
D = A^0.5
B =
    1.4142    1.7321
    2.0000    2.2361
C =
    0.8127 +0.3663i   1.0718 -0.2083i
    1.4290 -0.2778i   1.8845 +0.1580i
D =
    0.8127 +0.3663i   1.0718 -0.2083i
    1.4290 -0.2778i   1.8845 +0.1580i
```

2. 普通矩阵函数

函数: `funm`

格式: F = funm(A, fun)   %A 为方阵,计算由 fun 指定的 A 的矩阵函数

说明: fun 可以是任意基本函数,如 exp、log、sin、cos 等,但求矩阵的平方根只能用 sqrtm 函数.

例如:

```
>> A = [4,exp(1);1,5];
A1 = funm(A,'log')    %A1 = funm(A,@ log)
A2 = logm(A)

A1 =
    1.3078    0.6365
    0.2341    1.5419
A2 =
    1.3078    0.6365
    0.2341    1.5419
>> A3 = sqrt(A)    %对矩阵的每一个元素进行计算
A4 = sqrtm(A)
A3 =
    2.0000    1.6487
    1.0000    2.2361
A4 =
```

第 2 章　MATLAB 数据处理及矩阵分析

```
       1.9604    0.6533
       0.2403    2.2007
>>A3.*A3
ans =
       4.0000    2.7183
       1.0000    5.0000
>>A4*A4
ans =
       4.0000    2.7183
       1.0000    5.0000
>>funm(A,'sqrt')    %运行后会报错,求矩阵的平方根只能用
                      sqrtm 函数
???Error using ==>sqrt  ...
```

3. 矩阵 A 的多项式

在 MATLAB 中，n 次多项式用一个长度为 $n+1$ 的行向量表示，缺少的幂次项系数为 0。如果 n 次多项式表示为

$$p(x) = a_0 x^n + a_1 x^{n-1} + a_2 x^{n-2} + \cdots + a_{n-1} x + a_n$$

则在 MATLAB 中，$p(x)$ 表示为向量形式 $\boldsymbol{P}(a_0, a_1, \cdots, a_n)$。

函数:polyvalm

　　格式:polyvalm(P, A)　　%P 为多项式系数向量,方阵 A 为多项式变量，
　　　　　　　　　　　　　　　返回多项式值

例 2-13　已知多项式 $3x^4 + 4x^3 - 7$，取一个 2×2 矩阵为自变量，用 polyvalm 计算该多项式的值。

解：在命令窗口输入：

```
a=[3,4,0,0,-7];
x=[1,3;4,2];
y=polyvalm(a,x)    %相当于把二维矩阵 A 直接替换变量 x
```

运行结果为：

```
y =
       1020    1011
       1348    1357
```

注意：MATLAB 中还有一个函数 polyval 也可以对矩阵 A 进行运算，不要求 A 一定为方阵，计算方式与 polyvalm 不同。polyval 调用格式如下：

```
polyval(P, x)
```

其中，P 为多项式系数向量，x 可以是一个矩阵或者一个向量，polyval 计算在 x 中任意元素处的多项式 p 的估值.

上例中若输入：

```
z = polyval(a,x)
polyval(a,3)
```

则输出结果为：

```
z =
         0          344     %344是原多项式在3处的取值
      1017           73
ans =
   344
```

2.4.6 矩阵转置

运算符：'

运算规则：若矩阵 A 为实数矩阵，则与线性代数中矩阵的转置相同. 若 A 为复数矩阵，则 A 转置后的元素由 A 对应元素的共轭复数构成（若仅希望转置，则输入：$A.'$ ）.

例如：

```
>> A = magic(3) + rand(3) * i      % magic(3)生成三阶魔方
                                   矩阵①
A =
   8.0000 + 0.9501i   1.0000 + 0.4860i   6.0000 + 0.4565i
   3.0000 + 0.2311i   5.0000 + 0.8913i   7.0000 + 0.0185i
   4.0000 + 0.6068i   9.0000 + 0.7621i   2.0000 + 0.8214i
>> B = A'
B =
   8.0000 - 0.9501i   3.0000 - 0.2311i   4.0000 - 0.6068i
   1.0000 - 0.4860i   5.0000 - 0.8913i   9.0000 - 0.7621i
   6.0000 - 0.4565i   7.0000 - 0.0185i   2.0000 - 0.8214i
>> C = A.'
C =
   8.0000 + 0.9501i   3.0000 + 0.2311i   4.0000 + 0.6068i
```

---

① 魔方矩阵是有相同的行数和列数，并在每行、每列及两条对角线上的元素之和都相等.

```
            1.0000 +0.4860i   5.0000 +0.8913i   9.0000 +0.7621i
            6.0000 +0.4565i   7.0000 +0.0185i   2.0000 +0.8214i
```

2.4.7 矩阵的行列式

函数:`det`

格式:`d = det(X)`　　%返回方阵X的行列式的值

例如:
```
>>A = vander([1,2,3,4])   %生成范德蒙矩阵
D = det(A)                %计算范德蒙行列式
A =
     1     1     1     1
     8     4     2     1
    27     9     3     1
    64    16     4     1
D =
    12
```

2.4.8 矩阵的逆

函数:`inv`

格式:`Y = inv(X)`　　%求方阵X的逆矩阵

说明:若 X 为奇异阵或近似奇异阵,将给出警告信息.

例 2-14　求矩阵 $A = \begin{bmatrix} 2 & 1 & -1 \\ 2 & 1 & 2 \\ 1 & -1 & 1 \end{bmatrix}$ 的逆矩阵.

解:在命令窗口输入:
```
A = [2  1  -1;2  1  2;1  -1  1];
format rat      %用有理格式输出
D = inv(A)      %或 Y = A^(-1)
```

运行结果为:
```
D =
     1/3        0         1/3
      0        1/3       -2/3
    -1/3       1/3         0
```

2.4.9 矩阵的迹

函数:`trace`

格式：b = trace (A)   %返回矩阵 A 的迹，即 A 的对角线元素之和

例 2-15 求矩阵 $A = \begin{bmatrix} 2 & 1 & -1 \\ 2 & 1 & 2 \\ 1 & -1 & 1 \end{bmatrix}$ 的迹.

解：在命令窗口输入：
```
A = [2  1  -1;2  1  2;1  -1  1];
b = trace(A)
```
运行结果为：
```
b =
    4
```

2.4.10 矩阵的秩

函数：**rank**

格式：k = rank (A)   %求矩阵 A 的秩

例 2-16 求 $A = \begin{bmatrix} 2 & 1 & -1 \\ 2 & 1 & 2 \\ 1 & -1 & 1 \end{bmatrix}$ 的秩.

解：在命令窗口输入：
```
A = [2  1  -1;2  1  2;1  -1  1];
k = rank(A)
```
运行结果为：
```
k =
    3
```

2.4.11 矩阵元素个数的确定

函数：**numel**

格式：n = numel(a)   %计算矩阵 A 中元素的个数

例如：
```
>> A = [1  2  3  4;5  6  7  8];
>> n = numel(A)
n =
    8
```

2.4.12 特殊运算

1. 矩阵对角线元素的抽取

函数:diag

格式: v = diag(A,k)　　%抽取矩阵 A 的第 k 条对角线的元素构成向量 v

　　　　v = diag(X)　　　%抽取矩阵 A 的主对角线元素构成向量 v

说明：与主对角（$k=0$）相平行，往上为第 1 条，第 2 条，…，第 n 条对角线，往下为第 −1 条，第 −2 条，…，第 −n 条对角线.

例如：

```
>>A = [1 2 3;4 5 6;7 8 9]
A =
     1     2     3
     4     5     6
     7     8     9
>>v = diag(A,1)
v =
     2
     6
```

2. 构造对角矩阵

函数:diag

格式: A = diag(v,k)　　%以向量 v 的元素作为矩阵 A 的第 k 条对角线元素

　　　　A = diag(v)　　　%以 v 为主对角线元素构成对角矩阵 A

例如：

```
>>v = [1  2  3];
>>x = diag(v,-1)
x =
     0     0     0     0
     1     0     0     0
     0     2     0     0
     0     0     3     0
>>y = diag(v)
y =
     1     0     0
```

```
     0     2     0
     0     0     3
```

函数:`blkdiag`

格式:`out = blkdiag(a,b,c,d,…)`   %产生以 a,b,c,d,…为对角线元素的矩阵

例如:

```
>> out = blkdiag(1,2,3)
out =
     1     0     0
     0     2     0
     0     0     3
```

3. 上三角阵和下三角阵的抽取

函数:`tril`

格式:`L = tril(X)`   %求矩阵 X 的下三角矩阵

　　`L = tril(X,k)`   %抽取 X 的第 k 条对角线的下三角部分

函数:`triu`

格式:`U = triu(X)`   %求矩阵 X 的上三角矩阵

　　`U = triu(X,k)`   %抽取 X 的第 k 条对角线的上三角部分

例如:

```
>> A = magic(4)      %产生 4 阶魔方矩阵
A =
    16     2     3    13
     5    11    10     8
     9     7     6    12
     4    14    15     1
>> L = tril(A,1)     %取下三角部分
L =
    16     2     0     0
     5    11    10     0
     9     7     6    12
     4    14    15     1
>> U = triu(A,-1)    %取上三角部分
U =
    16     2     3    13
```

```
5    11   10    8
0     7    6   12
0     0   15    1
```

2.4.13 符号矩阵运算

1. 符号矩阵的基本运算

符号矩阵的四则运算与数值矩阵有完全相同的运算方式,其运算符为:加(+)、减(-)、乘(×)、除(/、\)等. 例如:

```
>>A=sym('[a,b;c,d]')
  B=sym('[e,f;g,h]')
A =
[a, b]
[c, d]
B =
[e, f]
[g, h]
>>A-B
ans =
[a-e, b-f]
[c-g, d-h]
>>A*B
ans =
[a*e+b*g, a*f+b*h]
[c*e+d*g, c*f+d*h]
>>C1=A\B
C1 =
[-(b*g-e*d)/(a*d-c*b), (-b*h+f*d)/(a*d-c*b)]
[(-c*e+a*g)/(a*d-c*b), (a*h-c*f)/(a*d-c*b)]
>>C2=inv(A)*B
C2 =
[-1/(a*d-c*b)*b*g+1/(a*d-c*b)*e*d, -1/(a*d-
   c*b)*b*h+1/(a*d-c*b)*f*d]
[-1/(a*d-c*b)*c*e+1/(a*d-c*b)*a*g, 1/(a*d-
   c*b)*a*h-1/(a*d-c*b)*c*f]
```

```
>>C3 = simplify(C2)    %符号简化
C3 =
[(-b*g+e*d)/(a*d-c*b),(-b*h+f*d)/(a*d-c*b)]
    %与 C1 结果相同
[-1/(a*d-c*b)*(c*e-a*g),(a*h-c*f)/(a*d-c*b)]
```

符号矩阵的其他一些基本运算包括转置（'）、行列式（det）、逆（inv）、秩（rank）、幂（^）和指数（exp 和 expm）等都与数值矩阵相同.

2. 符号矩阵的简化

符号工具箱中提供了有关符号矩阵因式分解、展开、合并、简化及通分等符号操作函数.

（1）因式分解.

函数：factor

格式：factor(s)   %符号表达式 s 的因式分解函数

说明：s 为符号矩阵或符号表达式，常用于多项式的因式分解.

例 2 – 17 将 $x^9 - 1$ 分解因式.

解：在命令窗口输入：

```
syms x
factor(x^9 -1)
```

运行结果为：

```
ans =
    (x -1) * (x^2 + x +1) * (x^6 + x^3 +1)
```

例 2 – 18 问 λ 取何值时，齐次方程组 $\begin{cases} (1-\lambda)x_1 - 2x_2 + 4x_3 = 0 \\ 2x_1 + (3-\lambda)x_2 + x_3 = 0 \\ x_1 + x_2 + (1-\lambda)x_3 = 0 \end{cases}$ 有非零解？

解：在命令窗口输入：

```
syms k
A =[1 -k, -2,4;2,3 -k,1;1,1,1 -k];
D = det(A);
D1 = factor(D)
```

运行结果为：

```
D1 =
    -k*(k-2)*(-3 +k)
```

从而，当 k 取 0 或 2 或 3 时，原方程组有非零解.

(2) 符号矩阵的展开.

函数:expand

格式:expand(s)   %符号表达式 s 的展开函数

说明:s 为符号矩阵或表达式,常用在多项式的因式分解中,也常用于三角函数,指数函数和对数函数的展开中.

例 2-19 将 $(x+1)^3$、$\sin(x+y)$ 展开.

解:在命令窗口输入:

```
syms x y
p = expand((x+1)^3)
q = expand(sin(x+y))
```

运行结果为:

```
p =
    x^3 +3*x^2 +3*x +1
q =
sin(x)*cos(y) +cos(x)*sin(y)
```

(3) 合并同类项.

函数:collect

格式:collect(s,v)   %将多项式 s 中的变量 v 的同幂项系数合并并降
                      幂排列
       collect(s)   %s 是矩阵或表达式,此命令对由 findsym 函数
                      返回的默认变量进行同类项合并

例 2-20 已知 $f = x^2 y + xy - x^2 - 2x$,将 f 按变量 x 进行降幂排列.

解:在命令窗口输入:

```
syms x y
f = x^2*y+x*y-x^2-2*x;
collect(f)
```

运行结果为:

```
ans =
(y-1)*x^2 +(y-2)*x
```

(4) 符号简化.

函数:simple 或 simplify   %寻找符号矩阵或符号表达式的最简型

格式:simple(s)   %s 是矩阵或表达式

       [R,how] = simple(s)   %R 为返回的最简形,how 为简化过程中
                              使用的主要方法

命令 simple(s) 将表达式 s 的长度化到最短. 若还想让表达式更加精美,可使用函数 pretty.

函数:pretty

格式:pretty(s)　　%使表达式 s 更加精美,让表达式符合人们的书写习惯

例 2-21 计算行列式 $\begin{vmatrix} 1 & 1 & 1 & 1 \\ a & b & c & d \\ a^2 & b^2 & c^2 & d^2 \\ a^4 & b^4 & c^4 & d^4 \end{vmatrix}$ 的值.

解:在命令窗口输入:

```
syms a b c d
A = [1 1 1 1;a b c d;a^2 b^2 c^2 d^2;a^4 b^4 c^4 d^4];
d1 = det(A)
d2 = simple(d1)        %化简表达式 d1
d3 = pretty(d2)
```

运行结果为:

```
d1 =
b*c^2*d^4 -b*d^2*c^4 -b^2*c*d^4 +b^2*d*c^4 +
b^4*c*d^2 -b^4*d*c^2 -a*c^2*d^4 +a*d^2*c^4 +a*
b^2*d^4 -a*b^2*c^4 -a*b^4*d^2 +a*b^4*c^2 +a^2*
c*d^4 -a^2*d*c^4 -a^2*b*d^4 +a^2*b*c^4 +a^2*
b^4*d -a^2*b^4*c -a^4*c*d^2 +a^4*d*c^2 +a^4*
b*d^2 -a^4*b*c^2 -a^4*b^2*d +a^4*b^2*c
d2 =
(-d+c)*(b-d)*(b-c)*(-d+a)*(a-c)*(a-b)*(a+
c+d+b)
d3 = (-d+c)(b-d)(b-c)(-d+a)(a-c)(a-b)(a+c+d+b)
```

因此,原行列式的值为 $(-d+c)(b-d)(b-c)(-d+a)(a-c)(a-b)(a+c+d+b)$.

2.5 秩与线性相关性

2.5.1 向量组的秩以及向量组的线性相关性

矩阵 A 的秩是矩阵 A 中非零子式的最高阶数,向量组的秩通常由该向量

组构成的矩阵来计算.

函数：rank

格式：k = rank(A)   %返回矩阵 A 的行(或列)向量中线性无关个数

例 2 - 22 求向量组 $\alpha_1 = (1, -2, 2, 3)$，$\alpha_2 = (-2, 4, -1, 3)$，$\alpha_3 = (-1, 2, 0, 3)$，$\alpha_4 = (0, 6, 2, 3)$ 的秩，并判断其线性相关性.

解：在命令窗口输入：

```
A = [1  -2  2  3;-2  4  -1  3;-1  2  0  3;0  6  2  3];
k = rank(A)
```

运行结果为：

```
k =
    3
```

由于向量组的秩为 3，小于向量个数 4，因此向量组线性相关.

2.5.2 求行阶梯矩阵及向量组的极大无关组

通过初等行变换可以将矩阵化成行最简形，从而找出列向量组的一个极大无关组，MATLAB 将矩阵化成行最简形的命令是 rref.

函数：rref

格式：R = rref(A)   %用高斯 - 约当消元法和行主元法求 A 的行最简形矩阵 R

例 2 - 23 求向量组 $\alpha_1 = (1, -2, 2, 3)$，$\alpha_2 = (-2, 4, -1, 3)$，$\alpha_3 = (-1, 2, 0, 3)$，$\alpha_4 = (0, 6, 2, 3)$ 的一个极大无关组.

解：在命令窗口输入：

```
a1 = [1  -2  2  3]';a2 = [-2  4  -1  3]';
a3 = [-1  2  0  3]';a4 = [0  6  2  3]';
%由 rref 函数的用法,应将向量格式确定为列向量
A = [a1  a2  a3  a4]
R = rref(A)
```

运行结果为：

```
A =
     1    -2    -1     0
    -2     4     2     6
     2    -1     0     2
     3     3     3     3
R =
```

$$\begin{matrix} 1.0000 & 0 & 0.3333 & 0 \\ 0 & 1.0000 & 0.6667 & 0 \\ 0 & 0 & 0 & 1.0000 \\ 0 & 0 & 0 & 0 \end{matrix}$$

因此，$\alpha_1, \alpha_2, \alpha_4$ 为向量组的一个极大无关组.

例 2-24 求 $A = \begin{bmatrix} 1 & 2 & 3 \\ 2 & 2 & 1 \\ 3 & 4 & 3 \end{bmatrix}$ 的逆矩阵.

解： 将增广矩阵 $B = \begin{bmatrix} 1 & 2 & 3 & 1 & 0 & 0 \\ 2 & 2 & 1 & 0 & 1 & 0 \\ 3 & 4 & 3 & 0 & 0 & 1 \end{bmatrix}$ 进行初等行变换.

在命令窗口输入：

```
B=[1,2,3,1,0,0;2,2,1,0,1,0;3,4,3,0,0,1];
C=rref(B)       %将B化为行最简形C
X=C(:,4:6)      %取矩阵C中的A^(-1)部分(C的4~6列)
```

运行结果为：

```
C =
  1.0000       0       0   1.0000   3.0000  -2.0000
       0  1.0000       0  -1.5000  -3.0000   2.5000
       0       0  1.0000   1.0000   1.0000  -1.0000
X =
   1.0000   3.0000  -2.0000
  -1.5000  -3.0000   2.5000
   1.0000   1.0000  -1.0000
```

因此，$A^{-1} = \begin{bmatrix} 1 & 3 & -2 \\ -1.5 & -3 & 2.5 \\ 1 & 1 & -1 \end{bmatrix}$.

2.6 线性方程组的求解

我们将线性方程组的求解分为两类：一类是方程组求唯一解或求特解，另一类是方程组求无穷解即通解. 可以通过系数矩阵的秩来判断：

(1) 若系数矩阵的秩 $r = n$（n 为方程组中未知变量的个数），则有唯一解；

(2) 若系数矩阵的秩 $r < n$，则可能有无穷解.

非齐次线性方程组的通解等于对应齐次方程组的通解加上非齐次方程组的一个特解，其特解的求法属于解的第一类问题，通解部分属第二类问题.

2.6.1 求线性方程组的唯一解或特解

此问题的求法分为两类：一类主要用于解低阶稠密矩阵——直接法；另一类是解大型稀疏矩阵——迭代法.

1. 利用矩阵除法求线性方程组的特解（或一个解）

方程：$AX = b$

解法：$X = A \backslash b$

例 2-25 求方程组 $\begin{cases} 5x_1 + 6x_2 & = 1 \\ x_1 + 5x_2 + 6x_3 & = 0 \\ x_2 + 5x_3 + 6x_4 & = 0 \\ x_3 + 5x_4 + 6x_5 & = 0 \\ x_4 + 5x_5 & = 1 \end{cases}$ 的解.

解：方法一：

在命令窗口输入：

```
A = [5  6  0  0  0
     1  5  6  0  0
     0  1  5  6  0
     0  0  1  5  6
     0  0  0  1  5];
B = [1  0  0  0  1]';
R_A = rank(A)        %求秩
X = A\B              %求解
```

运行结果为：

```
R_A =
     5
X =
     2.2662
    -1.7218
     1.0571
    -0.5940
     0.3188
```

这就是方程组的解.

方法二：可以通过函数 rref 求解方程组.

在命令窗口输入：

```
C = [A, B];      %系数矩阵和常数列构成增广矩阵 C
R = rref(C)      %将 C 化成行最简形
```

运行结果为：

R =

1.0000	0	0	0	0	2.2662
0	1.0000	0	0	0	-1.7218
0	0	1.0000	0	0	1.0571
0	0	0	1.0000	0	-0.5940
0	0	0	0	1.0000	0.3188

则 **R** 的最后一列元素就是所求之解.

例 2-26 求方程组 $\begin{cases} x_1 + x_2 - 3x_3 - x_4 = 1 \\ 3x_1 - x_2 - 3x_3 + 4x_4 = 4 \\ x_1 + 5x_2 - 9x_3 - 8x_4 = 0 \end{cases}$ 的一个特解.

解：方法一：

在命令窗口输入：

```
A = [1  1  -3  -1;3  -1  -3  4;1  5  -9  -8];
B = [1  4  0]';
X = A\B      %由于系数矩阵不满秩,该解法可能存在误差
```

运行结果为：

```
Warning: Rank deficient, rank = 2,  tol = 8.8373e-015.
X =
         0
         0
   -0.5333
    0.6000
```

则 **X** = [0 0 -0.5333 0.6000]' 为方程组的一个特解近似值.

方法二：若通过用 rref 求解，则比较精确.

在命令窗口输入：

```
A = [1  1  -3  -1;3  -1  -3  4;1  5  -9  -8];
B = [1  4  0]';
```

```
C = [A,B];      %构成增广矩阵
R = rref(C)
```
运行结果为:
```
R =
     1.0000         0   -1.5000    0.7500    1.2500
          0    1.0000   -1.5000   -1.7500   -0.2500
          0         0         0         0         0
```

则等价方程组为 $\begin{cases} x_1 - 1.5x_3 + 0.75x_4 = 1.25 \\ x_2 - 1.5x_3 - 1.75x_4 = -0.25 \end{cases}$,令 $x_3 = x_4 = 0$,可得解向量为 $X = [1.2500, -0.2500, 0, 0]'$(一个特解).

2. 利用矩阵的 LU、QR 和 Cholesky 分解求方程组的解

(1) LU 分解.

LU 分解又称 Gauss 消去法,可把任意方阵分解成下三角矩阵的基本变换形式(行交换)和上三角矩阵的乘积. 其数学表达式为: $A = LU$, L 为下三角矩阵的基本变换形式, U 为上三角矩阵. 线性代数已证明,只要方阵是非奇异的, LU 分解总可以进行.

函数: `lu`

格式: `[L,U] = lu(A)`

方程 $AX = b$ 变成 $LUX = b$, 于是, $X = U \backslash (L \backslash b)$, 这样可以大大提高运算速度.

例 2-27 求方程组 $\begin{cases} 4x_1 + 2x_2 - x_3 = 2 \\ 3x_1 - x_2 + 2x_3 = 10 \\ 9x_1 + 3x_2 = 8 \end{cases}$ 的一个特解.

解: 在命令窗口输入:
```
format rat    %指定有理式格式输出
A = [4 2 -1;3 -1 2;9 3 0];
b = [2 10 8]';
D = det(A)
[L,U] = lu(A)
X = U\(L\b)
```
运行结果为:
```
D =
     -6
L =
```

$$U = \begin{bmatrix} 4/9 & -1/3 & 1 \\ 1/3 & 1 & 0 \\ 1 & 0 & 0 \end{bmatrix}$$

$$U = \begin{bmatrix} 9 & 3 & 0 \\ 0 & -2 & 2 \\ 0 & 0 & -1/3 \end{bmatrix}$$

$$X = \begin{bmatrix} 3 \\ -19/3 \\ -8/3 \end{bmatrix}$$

例 2 – 28 求方程组 $\begin{cases} 4x_1 + 2x_2 - x_3 = 2 \\ 3x_1 - x_2 + 2x_3 = 10 \\ 11x_1 + 3x_2 = 8 \end{cases}$ 的一个特解.

解：在命令窗口输入：

```
format short
A = [4 2 -1;3 -1 2;11 3 0];
b = [2 10 8]';
D = det(A)
[L,U] = lu(A)
X = U\(L\b)
```

运行结果为：

```
D =
    0
L =
    0.3636   -0.5000    1.0000
    0.2727    1.0000         0
    1.0000         0         0
U =
   11.0000    3.0000         0
         0   -1.8182    2.0000
         0         0    0.0000
```

Warning:Matrix is close to singular or badly scaled.
         Results may be inaccurate. RCOND = 2.018587e –017.

X =
  1.0e+016 *
   -0.4053
    1.4862
    1.3511

说明：结果中的警告是由于系数行列式为零产生的。可以通过 $A*X$ 验证其正确性。

（2）Cholesky 分解。

若 A 为对称正定矩阵，则 Cholesky 分解可将矩阵 A 分解成上三角矩阵和其转置的乘积，即 $A = R'*R$，其中 R 为上三角阵。

函数：`chol`

格式：R = chol(A)　　　　%若 A 非正定,则产生错误信息

　　　[R,p] = chol(A)　　%不产生任何错误信息,若 A 为正定阵,则 p = 0,R 与上相同;若 A 非正定,则 p 为正整数,R 是有序的上三角阵

方程 $AX = b$ 变形成 $R'RX = b$，所以 $X = R \backslash (R' \backslash b)$。

例 2-29　求方程组 $\begin{cases} 5x_1 + 2x_2 - 4x_3 = 2 \\ 2x_1 + x_2 - 2x_3 = 10 \\ -4x_1 - 2x_2 + 5x_3 = 8 \end{cases}$ 的一个特解。

解：在命令窗口输入：
```
A = [5 2 -4;2 1 -2;-4 -2 5];b = [2 10 8]';
R = chol(A)
x = R\(R'\b)
```

运行结果为：
R =
    2.2361   0.8944   -1.7889
         0   0.4472   -0.8944
         0   0   1.0000
x =
  -18.0000
  102.0000
   28.0000

（3）QR 分解。

对于任何长方矩阵 A，都可以进行 QR 分解，其中 Q 为正交矩阵，R 为上

三角矩阵的初等变换形式,即:$A = QR$.

函数:`qr`

格式:`[Q,R] = qr(A)`

方程 $AX = b$ 变形成 $QRX = b$,所以 $X = R \backslash (Q \backslash b)$.

例 2-30 求方程组 $\begin{cases} x_1 - x_2 - x_3 + x_4 = 0 \\ x_1 - x_2 + x_3 - 3x_4 = 2 \\ x_1 - x_2 - 2x_3 + 3x_4 = -1 \end{cases}$ 的一个特解.

解:在命令窗口输入:

```
A = [1  -1  -1  1;1  -1  1  -3;1  -1  -2  3];
b = [0  2  -1]';[Q,R] = qr(A)
x = R\(Q\b)
```

运行结果为:

```
Q =
    -0.5774    0.8165         0
    -0.5774   -0.4082   -0.7071
    -0.5774   -0.4082    0.7071
R =
    -1.7321    1.7321    1.1547   -0.5774
         0    0.0000   -0.4082    0.8165
         0         0   -2.1213    4.2426
Warning:Rank deficient, rank =2, tol = 3.8715e-015.
x =
         0
    -0.5000
         0
    -0.5000
```

在求解大型方程组时,上面这三种分解很有用.其优点是运算速度快,可以节省磁盘空间,节省内存.

2.6.2 求齐次线性方程组的通解

在 MATLAB 中,函数 null 用来求解零空间,即满足 $AX = 0$ 的解空间,实际上是求出解空间的一组基(基础解系).

函数:`null`

第 2 章　MATLAB 数据处理及矩阵分析

格式：z = null　　　　　　　%z 的列向量为方程组的规范正交基,满足 z'z = I

　　　z = null(A,'r')　　　　%z 的列向量是方程 AX = 0 的有理基

例 2 - 31　求解方程组 $\begin{cases} x_1 + 2x_2 + 2x_3 + x_4 = 0 \\ 2x_1 + x_2 - 2x_3 - 2x_4 = 0 \\ x_1 - x_2 - 4x_3 - 3x_4 = 0 \end{cases}$ 的通解.

解：首先求基础解系.

方法一：

在命令窗口输入：

```
A = [1  2  2  1;2  1  -2  -2;1  -1  -4  -3];
format rat
B = null(A,'r')      %求解空间的有理基
```

运行结果为：

```
B =
         2              5/3
        -2             -4/3
         1                0
         0                1
```

方法二：通过行最简形得到基.

在命令窗口输入：

```
A = [1  2  2  1;2  1  -2  -2;1  -1  -4  -3];
C = rref(A)
```

运行结果为：

```
C =
         1              0             -2            -5/3
         0              1              2             4/3
         0              0              0              0
```

由 **C** 的输出形式即可写出方程组的基础解系（与上面结果一致）.

接下来，表示出通解.

在命令窗口输入：

```
syms  k1  k2
X = k1 * B(:,1) + k2 * B(:,2);      %写出方程组的通解,B(:,i)是提取 B 中第 i 列

pretty(X)                            %让通解表达式更加精美
```

运行结果为:

$$\begin{bmatrix} 2k_1 + 5/3\,k_2 \\ -2k_1 - 4/3\,k_2 \\ k_1 \\ k_2 \end{bmatrix}$$

2.6.3 求非齐次线性方程组的通解

非齐次线性方程组需要先判断方程组是否有解,若有解,再去求通解. 因此,具体步骤为:

第一步:判断 $AX = b$ 是否有解,若有解则进行第二步;
第二步:求 $AX = b$ 的一个特解;
第三步:求 $AX = 0$ 的通解;
第四步:$AX = b$ 的通解等于 $AX = 0$ 的通解加 $AX = b$ 的一个特解.

例 2 - 32 求解方程组 $\begin{cases} x_1 - 2x_2 + 3x_3 - x_4 = 1 \\ 3x_1 - x_2 + 5x_3 - 3x_4 = 2 \\ 2x_1 + x_2 + 2x_3 - 2x_4 = 3 \end{cases}$.

解:在 MATLAB 编辑器中建立 M 文件 ex232 如下:

```
A = [1 -2 3 -1;3 -1 5 -3;2 1 2 -2];
b = [1 2 3]';
B = [A b];
n = 4;
R_A = rank(A)
R_B = rank(B)
format rat
if R_A == R_B&R_A == n         %判断有唯一解
    X = A\b
elseif R_A == R_B&R_A < n      %判断有无穷解
    X = A\b        %求特解
    C = null(A,'r')    %求 AX = 0 的基础解系
else X = 'equition no solve'   %判断无解
end
```

在命令窗口运行 ex232,输出结果为:

R_A =
        2

```
R_B =
    3
X =
equition no solve
```
因此，该方程组无解．

例 2 - 33 求解方程组 $\begin{cases} x_1 + x_2 - 3x_3 - x_4 = 1 \\ 3x_1 - x_2 - 3x_3 + 4x_4 = 4 \\ x_1 + 5x_2 - 9x_3 - 8x_4 = 0 \end{cases}$ 的通解．

解：方法一：

在 MATLAB 编辑器中建立 M 文件 ex233 如下：

```
A=[1  1  -3  -1;3  -1  -3  4;1  5  -9  -8];
b=[1  4  0]';
B=[A  b];
n=4;
R_A=rank(A)
R_B=rank(B)
format
if R_A==R_B&R_A==n
    X=A\b
elseif R_A==R_B&R_A<n
    X=A\b
    C=null(A,'r')
else X='equation has no solve'
end
```

在命令窗口运行 ex233，输出结果为：

```
R_A =
    2
R_B =
    2
Warning: Rank deficient, rank =2, tol = 8.8373e -015.
> In ex233 at 11
X =
    0
    0
```

```
            -0.5333
             0.6000
    C =
        1.5000   -0.7500
        1.5000    1.7500
        1.0000         0
             0    1.0000
```

所以原方程组的通解为:
$$X = k_1(1.5, 1.5, 1, 0)' + k_2(-0.75, 1.75, 0, 1)' + (0, 0, -0.5333, 0.6)'.$$

方法二：通过 rref 求解.

在命令窗口输入：

```
A = [1  1  -3  -1;3  -1  -3  4;1  5  -9  -8];
b = [1  4  0]';
B = [A  b];
C = rref(B)          %求增广矩阵的行最简形,可得最简同解方程组
```

运行结果为：

```
C =
    1.0000         0   -1.5000    0.7500    1.2500
         0    1.0000   -1.5000   -1.7500   -0.2500
         0         0         0         0         0
```

对应齐次方程组的基础解系为：$\xi_1 = (1.5, 1.5, 1, 0)'$，$\xi_2 = (-0.75, 1.75, 0, 1)'$，非齐次方程组的特解为：$\eta = (1.25, -0.25, 0, 0)'$，所以，原方程组的通解为：
$$X = k_1(1.5, 1.5, 1, 0)' + k_2(-0.75, 1.75, 0, 1)' + (1.25, -0.25, 0, 0)'.$$

2.7　特征值与二次型

工程技术中的一些问题，如振动问题和稳定性问题，常归结为求一个方阵的特征值和特征向量.

2.7.1　特征值与特征向量的求法

设 A 为 n 阶方阵，如果数 λ 和 n 维非零列向量 x 使得关系式 $Ax = \lambda x$ 成立，则称 λ 为方阵 A 的特征值，非零向量 x 称为 A 对应于特征值 λ 的特征向量.

函数:eig

格式: D=eig(A)   %返回 A 的所有特征值组成的矩阵

  [V,D]=eig(A) %D 为由特征值构成的对角阵,V 为由特征向量作为列向量构成的矩阵,且 AV=VD 成立

例 2-34 设矩阵 $A = \begin{bmatrix} -2 & 1 & 1 \\ 0 & 2 & 0 \\ -4 & 1 & 3 \end{bmatrix}$,求:

(1) A 的特征值和特征向量;

(2) A 的迹;

(3) A 的行列式.

解: 在命令窗口输入:

  A=[-2 1 1;0 2 0;-4 1 3];
  [V,D]=eig(A)
  ji=trace(A)   %观察结果,验证矩阵的迹等于特征值的和
  hls=det(A)   %观察结果,验证矩阵的行列式等于特征值的积

运行结果为:

```
V =
    -0.7071   -0.2425    0.3015
          0         0    0.9045
    -0.7071   -0.9701    0.3015
D =
    -1    0    0
     0    2    0
     0    0    2
ji =
     3
hls =
    -4
```

则特征值为 -1 和 2. 对应于 $\lambda_1 = -1$ 的全部特征向量为 $k(-0.7071, 0, -0.7071)'$, $k \neq 0$;

对应于 $\lambda_{2,3} = 2$ 的全部特征向量为

  $k_1(-0.2425, 0, -0.9701)' + k_2(0.3015, 0.9045, 0.3015)'$,

其中 k_1, k_2 不同时为 0. 矩阵的迹为 3,行列式为 -4.

例 2-35 求矩阵 $A = \begin{bmatrix} -1 & 1 & 0 \\ -4 & 3 & 0 \\ 1 & 0 & 2 \end{bmatrix}$ 的特征值和特征向量.

解:在命令窗口输入:

```
A=[-1 1 0;-4 3 0;1 0 2];
[V,D]=eig(A)
```

运行结果为:

```
V =
     0        0.4082   -0.4082
     0        0.8165   -0.8165
     1.0000  -0.4082    0.4082
D =
     2    0    0
     0    1    0
     0    0    1
```

因此,特征值为 2 和 1,对应于 $\lambda_1=2$ 的全部特征向量为 $k(0, 0, 1)'$, $k\neq 0$;对应于 $\lambda_{2,3}=1$ 的全部特征向量为 $k_1(0.4082, 0.8165, -0.4082)'$, $k_1\neq 0$.

2.7.2 正交基

MATLAB 中向量组的规范正交化用函数 orth 实现.

函数:`orth`

格式:`Q=orth(A)`

说明:Q 的列向量构成的向量组为 A 的列向量构成的向量组的规范正交基,且 Q 满足 $Q'Q=E$,A 和 Q 的列向量等价.

例 2-36 将矩阵 $A=\begin{bmatrix} 4 & 0 & 0 \\ 0 & 3 & 1 \\ 0 & 1 & 3 \end{bmatrix}$ 正交规范化.

解:在命令窗口输入:

```
A=[4 0 0;0 3 1;0 1 3];
B=orth(A)
Q=B'*B   %验证B为正交阵
```

运行结果为:

```
B =
     0        1.0000    0
    -0.7071   0        -0.7071
    -0.7071   0         0.7071
```

Q =
   1.0000   0   0.0000
        0   1.0000   0
   0.0000   0   1.0000

2.7.3 二次型

利用正交变换化二次型为标准型,应首先写出二次型所对应的对称矩阵,然后用正交变换将这一对称矩阵化为对角矩阵.在 MATLAB 中用 schur 分解的指令可以求出所需对角矩阵和所用的正交矩阵,从而完成这一任务.

函数:**schur**

格式:`[P,T] = schur(A)`

说明:A 为实对称矩阵,T 为 A 的特征值所构成的对角形矩阵,P 为 T 对应的正交变换的正交矩阵,P 的列向量为 A 的特征值所对应的特征向量.

例 2-37 求一个正交变换 $X = PY$,把二次型

$$f = 2x_1x_2 + 2x_1x_3 - 2x_1x_4 - 2x_2x_3 + 2x_2x_4 + 2x_3x_4$$

化成标准形.

解:先写出二次型的实对称矩阵

$$A = \begin{bmatrix} 0 & 1 & 1 & -1 \\ 1 & 0 & -1 & 1 \\ 1 & -1 & 0 & 1 \\ -1 & 1 & 1 & 0 \end{bmatrix}$$

在命令窗口输入:

```
A=[0 1 1 -1;1 0 -1 1;1 -1 0 1;-1 1 1 0];
[P,T]=schur(A)
```

运行结果为:

P =
   -0.5000   0.2887   0.7887   0.2113
    0.5000   -0.2887   0.2113   0.7887
    0.5000   -0.2887   0.5774   -0.5774
   -0.5000   -0.8660   0   0

T =
   -3.0000   0   0   0
         0   1.0000   0   0
         0   0   1.0000   0

$$\begin{matrix} 0 & 0 & 0 & 1.0000 \end{matrix}$$

因此，用正交变换 $X = PY$ 可将二次型化为标准形为

$$f = -3y_1^2 + y_2^2 + y_3^2 + y_4^2.$$

2.8 本章小结

本章用 MATLAB 实现了线性代数课程的部分计算功能，包括矩阵的运算、向量组的线性相关性的判定、线性方程组的求解、特征值与二次型等内容.

2.9 习 题

1. MATLAB 有几种建立矩阵的方法？各有什么优点？
2. 在进行算术运算时，数组运算和矩阵运算各有什么要求？运算符有什么区别？
3. 计算矩阵 $\begin{bmatrix} 1 & 3 & 5 \\ -3 & 2 & 4 \\ 6 & 4 & 7 \end{bmatrix}$ 与 $\begin{bmatrix} 3 & -4 & 2 \\ -6 & 7 & 0 \\ 5 & 3 & 6 \end{bmatrix}$ 之和.
4. 求 $x = \begin{bmatrix} 4i & 2+i & 2-i & 1+3i & -1-5i \\ 3-2i & 4-6i & 5+5i & 3-5i & 3+4i \end{bmatrix}$ 的共轭转置.
5. "左除"与"右除"有什么区别？
6. 对于 $AX = B$，如果 $A = \begin{bmatrix} 3 & -4 & 2 \\ 1 & 6 & 4 \\ 3 & 3 & 5 \end{bmatrix}$, $B = \begin{bmatrix} 7 \\ 6 \\ 13 \end{bmatrix}$，求解 X.
7. 已知 $a = \begin{bmatrix} 1 & 2 & -3 \\ 4 & 0 & 6 \\ 5 & -2 & 8 \end{bmatrix}$，分别计算 a 的数组平方和矩阵平方，并观察其结果.
8. 矩阵 $a = \begin{bmatrix} 4 & 2 & -6 \\ 7 & 5 & 4 \\ 3 & 4 & 9 \end{bmatrix}$，计算 a 的行列式和逆矩阵.
9. 求矩阵 $A = \begin{bmatrix} a_{11} & a_{12} \\ a_{21} & a_{22} \end{bmatrix}$ 的行列式、逆和特征值.
10. 求解线性方程组 $\begin{cases} 3x_1 - 2x_2 + x_3 = 2 \\ 4x_1 + x_2 - 3x_3 = 5 \\ 4x_2 - 3x_3 = 6 \end{cases}$.

第 3 章

利用 MATLAB 绘制函数图形

作为一个功能强大的工具软件,MATLAB 具有很强的图形处理功能,提供了大量的二维、三维图形函数. 本章主要介绍一些基本的绘图指令,从而将函数以图形的方式呈现出来.

3.1 二维图形

3.1.1 单窗口曲线绘图

plot 是 MATLAB 内部最重要、最基本的平面数据绘图命令,它可以生成线段、曲线和参数方程曲线的函数图形.

函数:`plot`
格式:`plot(X,Y,'S')`
`plot(Y,'S')`
`plot(X1,Y1,'S1',X2,Y2,'S2',…,Xn,Yn,'Sn')`

下面分别予以介绍:

(1) `plot(`$X,Y,'S'$`)`.

若 X、Y 均为同维实数向量,$X=[x(i)]$,$Y=[y(i)]$,则 plot(X, Y) 先描出点 $(x(i),y(i))$,然后用直线依次相连;

若 X、Y 均为同维同型实数矩阵,$X=[X(i)]$,$Y=[Y(i)]$,其中 $X(i)$, $Y(i)$ 为列向量,则 plot(X, Y) 依次画出 plot($X(i)$, $Y(i)$),矩阵有几列就有几条线;

若 X、Y 中一个为向量,另一个为矩阵,且向量的维数等于矩阵的行数或者列数,则矩阵按向量的方向分解成几个向量,再与向量配对分别画出,矩阵可分解成几个向量就有几条线.

输入参数 S 是用来指定线型、色彩、数据点型的选项字符串. 它可以使用默认值,这时线型、色彩将由 MATLAB 的默认设置来确定. 表 3-1 列出了线型、色彩、数据点型允许的设置值. 画图时可以在参数 S 后加写参数 "'linewidth',n"用以控制线条宽度,n 标志线宽,也可在绘图窗口中单击快捷按钮,用其菜单 Edit 进行编辑.

(2) plot(**Y**,'S').

若 **Y** 为实数向量,**Y** 的维数为 m,则 plot(**Y**) 等价于 plot(**X**, **Y**),其中 $x = 1:m$;

若 **Y** 为实数矩阵,则把 **Y** 按列的方向分解成几个列向量,而 **Y** 的行数为 n,则 plot(**Y**) 等价于 plot(**X**, **Y**),其中 $x = [1; 2; \cdots; n]$.

(3) plot($\mathbf{X}_1$, $\mathbf{Y}_1$, 'S_1', $\mathbf{X}_2$, $\mathbf{Y}_2$, 'S_2', $\cdots$, $\mathbf{X}_n$, $\mathbf{Y}_n$, 'S_n').

X_i 与 Y_i 成对出现,plot(X_1, Y_1, 'S_1', X_2, Y_2, 'S_2', $\cdots$, X_n, Y_n, 'S_n') 将分别按顺序取两数据 X_i 与 Y_i 进行画图. 若其中仅仅有 X_i 或 Y_i 是矩阵,其余的为向量,向量维数与矩阵的维数匹配,则按匹配的方向来分解矩阵,再分别将配对的向量画出.

plot 命令中可以混合使用三参数和二参数的形式:plot(X_1, Y_1, S_1, X_2, Y_2, X_3, Y_3, S_3).

表 3 - 1 线型、颜色和标记符号选项

点标志符	点型名称	线标志符	线型名称	色彩标志	颜色名称
.	点	-	实线	r	红
○	圈	--	虚线	m	品红
×	叉	-.	点画线	y	黄
+	"十"字	:	点线	g	绿
*	星花			c	青
s	方框			b	蓝
d	菱形			k	黑
∨	下尖三角形			w	白
∧	上尖三角形				
>	右尖三角形				
<	左尖三角形				
h	类六星、矛头				
p	准五星				

例 3 - 1 在区间 $[0, 2\pi]$ 内,绘制余弦曲线 $y = \cos x$.

解: 在命令窗口输入:

x = 0:0.01:2*pi;   %产生从 0 到 2π 步长为 0.01 的数组

```
y = cos(x);
plot(x,y)
```
图形结果如图 3-1 所示.

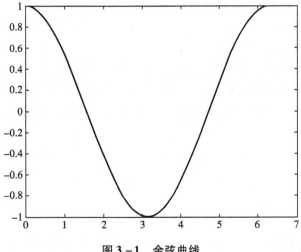

图 3-1 余弦曲线

例 3-2 将 $y = \sin x$，$y = \cos x$ 分别用点和线同时绘制在同一屏幕上.

解：在命令窗口输入：
```
x = linspace(0,2*pi,30);   %把[0,2π]均分成30个数
y = sin(x);
z = cos(x);
plot(x,z,':',x,y,'linewidth',2)
```
图形结果如图 3-2 所示.

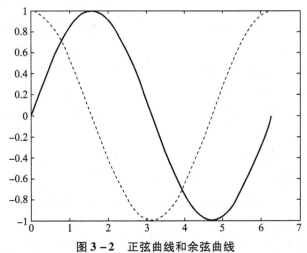

图 3-2 正弦曲线和余弦曲线

3.1.2 单窗口多曲线分图绘图

MATLAB 可以把图形窗口区域分成若干个小窗口独立绘图,用函数 subplot 即可实现图形窗口展现多个子图形.

函数:subplot

格式:subplot(m,n,p)

说明:该命令将当前图形窗口分成 $m\times n$ 个绘图区,即每行 n 个,共 m 行,并按行从左至右依次编号,且选定第 p 个区为当前活动区.

例3-3 在一个图形窗口中同时绘制正弦、余弦、正切、余切曲线.

解:在命令窗口输入:

```
x = linspace(0,2*pi,60);    %产生一个[0,2π]长度为60的
                             向量
y = sin(x);
z = cos(x);
t = sin(x)./(cos(x)+eps);   %定义tan函数,eps为系统内
                             部常数,避免分母为零
ct = cot(x);                 %直接使用余切函数cot
subplot(2,2,1)               %分成2×2区域且指定1号为活
                             动区
plot(x,y)
title('sin(x)')
axis([0 2*pi -1 1]);         %只显示[0,2π]×[-1,1]的
                             图形
subplot(2,2,2);              %指定2号为活动区
plot(x,z);
title('cos(x)');
axis([0 2*pi -1 1]);
subplot(2,2,3);              %指定3号为活动区
plot(x,t);
title('tangent(x)');
axis([0 2*pi -40 40]);
subplot(2,2,4);              %指定4号为活动区
plot(x,ct);
title('cotangent(x)');
```

```
axis([0 2*pi -40 40]);
```
图形结果如图 3-3 所示.

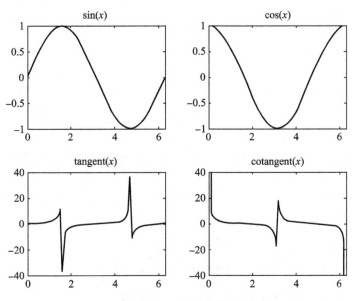

图 3-3 利用 subplot 绘制的四条三角函数曲线

3.1.3 符号函数画图

1. 字符串显函数图形

用 plot 绘图在确定自变量的取值间隔时，一般采用平均间隔，有时会因某处间距太大，而不能反映出函数的变化情况.

fplot 是绘制函数 $y=f(x)$ 图形的专用命令，它的数据点是自适应产生的，对那些导数变化较大的函数，用 fplot 函数绘出的曲线比等分取点所画出的曲线更加接近真实.

用函数绘图命令 fplot 在指定的范围 limits 内画出一元函数 $y=f(x)$ 的图形. 其中向量 x 的分量分布在指定的范围内，y 是与 x 同型的向量，对应的分量有函数关系：$y(i)=f(x(i))$. 若对应于 x 的值，y 返回多个值，则 y 是一个矩阵，其中每列对应一个 $f(x)$. 例如，$f(x)$ 返回向量 $[f_1(x), f_2(x), f_3(x)]$，输入参量 $x=[x_1; x_2; x_3]$，则函数 $f(x)$ 返回矩阵

$$\begin{matrix} f_1(x_1) & f_2(x_1) & f_3(x_1) \\ f_1(x_2) & f_2(x_2) & f_3(x_2) \\ f_1(x_3) & f_2(x_3) & f_3(x_3) \end{matrix}$$

函数：fplot

格式：fplot('function',limits,tol,'S')　%绘制 function 的图形

[X,Y]=fplot('function',limits,…)　%返回横坐标与纵坐标的值给变量 X 和 Y,此时 fplot 不画出图形.若想画出可用 plot(X, Y)

说明：

(1) 函数 function 必须是一个 M 文件函数或者是一个包含变量 x,且能用函数 eval 计算的字符串.

(2) limits 是一个指定 x 轴范围的向量 $[x_{\min} \quad x_{\max}]$ 或者是 x 轴和 y 轴范围的向量 $[x_{\min} \quad x_{\max} \quad y_{\min} \quad y_{\max}]$;

(3) tol 为相对误差值,系统默认值为 $2e-3$;

(4) S 用于修饰曲线,与 plot 命令中用法一样.

例 3 - 4　绘出正弦函数 $\sin x$ 和 $\sin \dfrac{1}{x}$ 的曲线.

解：在命令窗口输入：

fplot('[sin(x),sin(1/x)]',2*pi*[-1　1　-1　1])

%fplot 可在一张图上画多个图形

图形结果如图 3-4 所示.

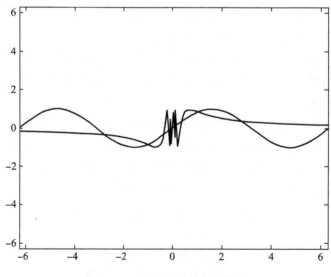

图 3-4　利用 **fplot** 绘制的曲线

2. 字符串显函数、隐函数、参数方程图形

fplot 命令不能画参数方程和隐函数图形,而 ezplot 可以完成字符串显函数、隐函数、参数方程图形的绘制.

函数:**ezplot**

格式:ezplot('f(x)',[a,b])   %绘制显函数 y = f(x)在区间 a < x < b 的图形

ezplot('f(x)')   %绘图区间为缺省值

ezplot('f(x,y)',[xmin,xmax,ymin,ymax]) %绘制隐函数 f(x, y) = 0 的图形

ezplot('x(t)','y(t)',[tmin,tmax])   %绘制参数方程 x = x(t),y = y(t) 的图形

说明:该命令每次只能绘制一条曲线,在绘出函数图的同时自动在图的上侧加注函数解析式,下侧加注自变量名称,曲线的色型、线型无法控制.

例 3 - 5 在 $x \in (-2, 0.5)$,$y \in (-5, 5)$ 上画隐函数 $e^x + \sin(xy) = 0$ 的图像.

解:在命令窗口输入:

ezplot('exp(x) + sin(x * y)',[-2,0.5,-5,5])

图形结果如图 3 - 5 所示.

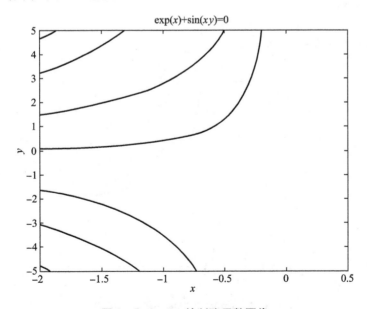

图 3 - 5   ezplot 绘制隐函数图像

例 3-6 绘出余弦函数 $\cos x$ 和 $f(x) = \dfrac{1}{1+x^3}$ 的曲线.

解：由于命令 ezplot 每次只能画出一条曲线，现分别画在两个图上.
在命令窗口输入：

    ezplot cos %cos 是余弦的 M 函数文件名，可以省略自变量 x

图形结果如图 3-6 所示.

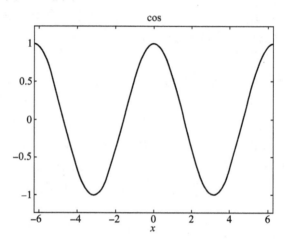

图 3-6　ezplot 绘制的余弦函数图像

继续输入：

    ezplot('1/(1+x^3)')

图形结果如图 3-7 所示.

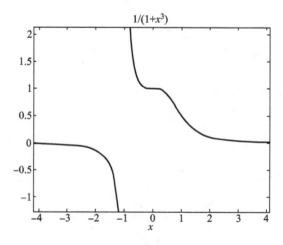

图 3-7　ezplot 绘制的一般函数图像

由例3-6可见,用ezplot绘制函数图非常方便,所以有时把它称为简易绘图命令,用它还可以绘制许多较为复杂的函数曲线.

例3-7 绘制三叶玫瑰线 $r = 5\sin 3t$.

解:把极坐标方程 $r = 5\sin 3t$ 转换成直角坐标方程
$$\begin{cases} x(t) = 5\sin 3t \cos t \\ y(t) = 5\sin 3t \sin t \end{cases}.$$

在命令窗口输入:
```
clear
ezplot('5*sin(3*t)*cos(t)','5*sin(3*t)*sin(t)',[0,pi])
```
图形结果如图3-8所示.

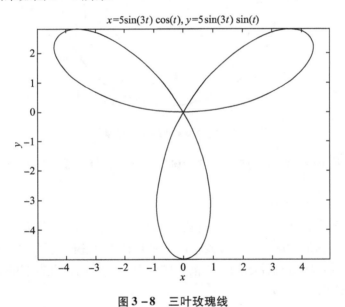

图3-8 三叶玫瑰线

3.1.4 特殊平面图形

在某些特定的场合需要用到特殊坐标的二维图形以及满足某些特殊要求的平面图形,下面要介绍的是几种常用的绘制特殊平面图形的函数.

1. 极坐标图(polar)

函数:`polar`

格式:`polar(theta,rho,'S')`

说明:theta为极坐标角度,rho为极坐标半径;参量S指定极坐标图中线条的线型、标记符号和颜色等.

例 3 - 8 绘制心形曲线 $\rho = 5(1 - \sin\theta)$.

解：在命令窗口输入：

```
theta = 0:0.01:2*pi; rho = 5*(1-sin(theta));
polar(theta,rho,'--r')
```

图形结果如图 3 - 9 所示.

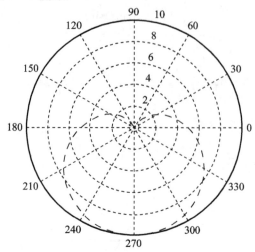

图 3 - 9 利用 **polar** 绘制的极坐标图

注意：用 ezpolar 作图时，在命令窗口输入 ezpolar('5 * (1 - sin(theta) ') 即可.

2. 统计直方图（hist）

二维条形直方图，可以显示出数据的分配情形. 直方图为 patch 图形对象，若想改变图形的颜色，可以对 patch 对象的属性进行设置. 缺省时，图形颜色是由当前色图进行控制的，当前色图的第一个颜色为直方图的颜色.

函数：hist

格式：
```
n = hist(Y, x)      %x 是一个向量,返回 x 的长度个以 x 为中心的
                     Y 的分布情况
n = hist(Y, nbins)  %nbins 是一个范围,使用 nbins 间隔数
hist(…)             %使用上述方法绘制没有输出的直方图
```

hist 的用法非常灵活，我们看下面的例子：
首先我们输入一个变量：

```
>> x = randn(500,1);   %x 为正态分布随机数
```

接着我们先绘制一个最简单的直方图，在命令窗口输入：

```
subplot(3,1,1);
hist(x)
```

```
subplot(3,1,2);
hist(x,100)     %将数据绘制成100个直方
subplot(3,1,3);
hist(x,25)      %将数据绘制成25个直方
```
图形结果如图3-10所示.

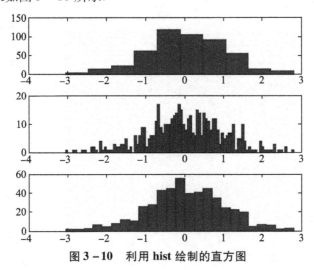

图3-10 利用hist绘制的直方图

继续输入命令:
```
a=[1 2 3];
hist(x,a)
```
绘制出来的图形如图3-11所示(第三幅子图),显然 a 变成了 x 轴上的刻度.

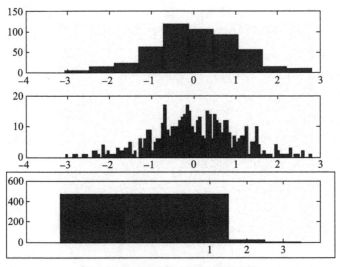

图3-11 利用hist绘制的直方图

我们还可以返回每一个直方的频数，输入：

  b=hist(x,100)

会得到一个数组 b，有 100 个元素，每个元素都是 100 个直方之一的频数.

  b =

   Columns 1 through 10

    1 2 1 2 1 0 1 1 1 2

   Columns 11 through 20

    2 1 1 2 0 1 1 3 2 1

   Columns 21 through 30

    3 2 2 5 5 4 8 5 8 6

   Columns 31 through 40

    11 9 6 3 9 4 7 12 10 9

   Columns 41 through 50

    8 7 8 10 7 6 15 13 11 12

   Columns 51 through 60

    10 16 11 9 6 6 16 11 4 10

   Columns 61 through 70

    5 11 6 7 11 11 7 3 5 4

   Columns 71 through 80

    6 2 2 9 2 3 3 9 5 3

   Columns 81 through 90

    1 5 5 1 6 0 2 2 1 5

   Columns 91 through 100

    0 2 0 0 1 1 2 0 1 1

3. 填充图形（fill）

函数：fill

格式：fill(x,y,'c') %平面多边形着色

说明：x 和 y 为二维多边形顶点坐标向量，字符'c'规定填充颜色.

例 3-9 绘制一正方形并以红色填充.

解：在命令窗口输入：

```
clear
x=[0 1 1 0];        %正方形顶点坐标向量
y=[0 0 1 1];
fill(x,y,'r')       %绘制并以红色填充正方形图
```

```
axis('equal')              %坐标轴等比例显示
```
图形结果如图 3-12 所示.

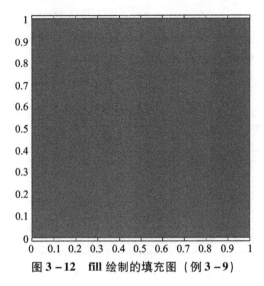

图 3-12　fill 绘制的填充图（例 3-9）

例 3-10　绘制出内部着色的正弦曲线.

解：在命令窗口输入：
```
clear
x = 0:pi/10:2*pi;
y = sin(x);
c = [0.1,0.6,0.4]; %颜色向量
fill(x,y,c);
```
图形结果如图 3-13 所示.

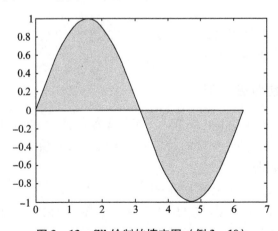

图 3-13　fill 绘制的填充图（例 3-10）

注意：MATLAB 系统可用向量表示颜色，通常称其为颜色向量. 基本颜色向量用 [r g b] 表示，通过 r、g、b 在 0~1 范围内的不同取值可以组合出各种颜色.

除 plot 等基本绘图命令外，MATLAB 系统提供了许多其他特殊绘图命令，如表 3-2 所示. 另外许多平面绘图命令，可用 Help 从 "graph2d" 图形库中查询.

表 3-2 特殊绘图命令

命令格式	功　能
stem(x,y)	绘制火柴杆图
stairs(x,y)	绘制阶梯图
pie(x)	绘制饼状图
bar(x, y)	绘制频率直方图
fill(x,y)	绘制填色图
plotyy(x_1,y_1,x_2,y_2)	绘制双纵坐标图
polar(θ, ρ)	极坐标绘图，θ—极角，ρ—矢径
loglog(x,y)	绘制以 lg 为坐标刻度的 $X-Y$ 曲线
semilogx(x,y)	绘制半对数刻度图，X 轴以 lg 为刻度，Y 轴为线性刻度
semilogy(x,y)	绘制半对数刻度图，X 轴为线性刻度，Y 轴以 lg 为刻度

3.2　三维图形

MATLAB 绘制三维图的命令非常丰富，这里介绍最基本、最常用的三维绘图命令：三维曲线和三维曲面绘图命令.

3.2.1　三维曲线图形

和绘制平面图的命令 plot 类似，三维数据绘图命令 plot3 也是根据大量数据描点绘制的. 它将 plot 函数的特性扩展到了三维空间，两者的区别在于 plot3 增加了三维数据.

　　函数:`plot3`　　%三维数据绘图命令
　　格式:`plot3(x1,y1,z1,'S1', x2,y2,z2,'S2',…)`
　　函数:`ezplot3`　　%空间曲线的简易绘图命令

格式: ezplot3('x', 'y', 'z',[a,b])   %空间曲线 x = x(t), y = y(t), z = z(t), a ≤ t ≤ b

ezplot3('x', 'y', 'z')   %空间曲线 x = x(t), y = y(t), z = z(t), 0 ≤ t ≤ 2π

例 3 – 11 绘制三维螺旋曲线 $\begin{cases} x = \sin t \\ y = \cos t \\ z = t \end{cases}$.

解: 在命令窗口输入:

```
t = 0:0.1:8*pi;
plot3(sin(t),cos(t),t)
title('绘制螺旋线')   %用命令 title 对图形主题进行标注
```

图形结果如图 3 – 14 所示.

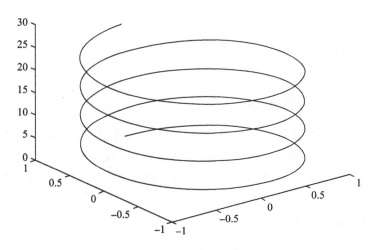

图 3 – 14 plot3 绘制的螺旋线

例 3 – 12 已知空间曲线方程 $\begin{cases} y = x\sin x\cos x \\ z = x\cos^2 x \end{cases}$, $x \in [0, 20]$, 绘制空间曲线.

解: 在命令窗口输入:

```
x = 0:0.05:20;
y = x.*sin(x).*cos(x);z = x.*cos(x).*cos(x);...
plot3(x,y,z,'r.')
box
```

图形结果如图 3-15 所示.

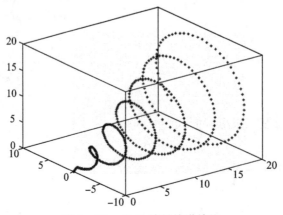

图 3-15 plot3 绘制的弹簧线

注意:

①box 是个"拉线开关"式命令,其功能是在图上加画三维方框箱体,增加立体感.

②用 ezplot3 绘制曲线只需输入:

```
ezplot3('x','x*sin(x)*cos(x)','x*cos(x)*
       cos(x)',[0,20])
```

3.2.2 三维曲面图形

如果要画一个三维的曲面,可以使用 mesh 函数或 surf 函数来实现. mesh 函数为数据点绘制网格线,图形中的每一个已知点和其附近的点用直线连接. surf 函数和 mesh 函数的用法类似,但它可以画出着色表面图,图形中的每一个已知点与其相邻点以平面连接.

函数:mesh   %绘制曲面网格图
格式:mesh(x,y,z,c)
      mesh(z)

说明: x、y 控制 X 轴和 Y 轴坐标,矩阵 z 是由 (x,y) 求得的 Z 轴坐标, (x,y,z) 组成了三维空间的网格点; c 用于控制网格点颜色.

函数:surf   %绘制着色的三维表面图.
格式:surf(x,y,z)

为了方便测试立体绘图,MATLAB 提供了一个 peaks 函数,下面使用 peaks 函数来比较一下 mesh 和 surf 的区别.

例 3-13 分别用 mesh 函数和 surf 函数绘制曲面.

解: 在命令窗口输入:

第 3 章　利用 MATLAB 绘制函数图形　　71

```
z = peaks(40);
subplot(1,2,1);
mesh(z);
title('由 mesh 绘制的网状图')
subplot(1,2,2);
surf(z)
title('由 surf 绘制的曲面图')
```
图形结果如图 3-16 所示.

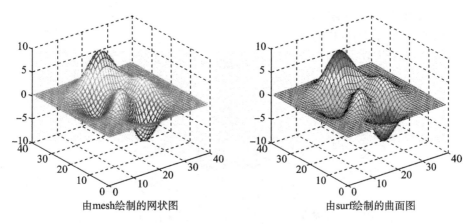

由mesh绘制的网状图　　　　　由surf绘制的曲面图

图 3-16　三维曲面图

绘制由函数 $z = z(x, y)$ 确定的曲面时，首先需产生一个网格矩阵，然后计算函数在各网格点上的值. 网格生成函数为 meshgrid 函数，其调用格式如下：

[X, Y] = meshgrid(x, y)

其中 x 和 y 为给定的向量，X、Y 是网格划分后得到的网格矩阵. 若 $x = y$，则可简写成

[X, Y] = meshgrid(x)

例 3-14　绘制函数 $z = \dfrac{\sin(\sqrt{x^2 + y^2})}{\sqrt{x^2 + y^2}}$ 在 $x \in [-7.5, 7.5]$，$y \in [-7.5, 7.5]$ 的图形.

解：在命令窗口输入：
```
x = -7.5:0.5:7.5;
y = x;
[X,Y] = meshgrid(x);
R = sqrt(X.^2 + Y.^2) + eps; Z = sin(R)./R;
subplot(2,1,1);
```

```
surf(X,Y,Z)
title('墨西哥帽子')
xlabel('X 轴方向'),ylabel('Y 轴方向'),zlabel('Z 轴方
向')     %标注坐标轴
subplot(2,1,2);
mesh(X,Y,Z);
xlabel('x - axis'),ylabel('y - axis'),zlabel('z -
axis');
title('Mexican Hat');
```

图形结果如图 3 – 17 所示.

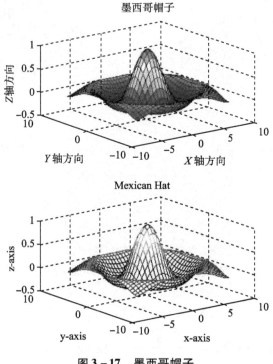

图 3 – 17　墨西哥帽子

例 3 – 15　绘制函数 $z = \cos x \cdot \sin y$ 的三维曲面图形.

解：在命令窗口输入：

```
clear
x = [0:0.15:2 * pi];
y = [0:0.15:2 * pi];
z = sin(y') * cos(x);     %矩阵相乘
```

```
surf(x,y,z);      %或输入 mesh(x,y,z)
xlabel('X 轴'),ylabel('Y 轴'),zlabel('Z 轴');
title('3 - D surf')
```
图形结果如图 3 - 18 所示.

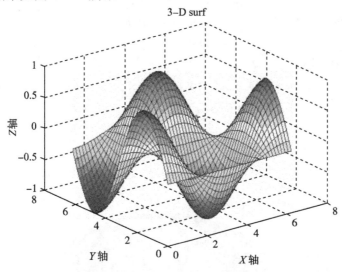

图 3 - 18 surf 绘制的三维曲面图

类似于绘制平面曲线图时的 ezplot，绘制空间曲面图时也有简易绘图命令 ezmesh 和 ezsurf，二者用法相同. 用这两个命令绘制空间图时，不用在投影平面上分格取点，函数表达式不用数组算法符号. 下面介绍 ezmesh 的用法.

函数：ezmesh

格式：
```
ezmesh(z(x,y),[a,b,c,d])      %z = z(x,y), a < x < b, c < y < d
ezmesh(z(x,y),[a,b])          %z = z(x,y), a < x,y < b
ezmesh(z(x,y))                %默认区间
ezmesh('x(s,t)','y(s,t)','z(s,t)',[a,b,c,d])
%x = x(s,t), y = y(s,t), z = z(s,t),a < s < b, c < t < d
ezmesh('x(s,t)','y(s,t)','z(s,t)',[a,b])
%x = x(s,t), y = y(s,t), z = z(s,t),a < s,t < b
ezmesh('x(s,t)','y(s,t)','z(s,t)')     %默认区间
```

利用 ezmesh 函数重新绘制例 3 - 15 的图形，使用起来极为方便，在命令窗口输入：

```
syms x y
ezmesh(cos(x)*sin(y),[0,2*pi])
```

%或者使用 ezsurf 函数也可以完成绘图,输入 ezsurf(cos(x)*sin(y),[0,2*pi])

例 3-16 用 ezsurf 绘制一个圆环面 $(\sqrt{x^2+y^2}-5)^2+z^2=4$.

解: 对应的参数方程为 $\begin{cases} x=(5+2\cos u)\cos v \\ y=(5+2\cos u)\sin v \\ z=2\sin u \end{cases}$.

在命令窗口输入:
```
ezsurf('(5+2*cos(u))*cos(v)','(5+2*cos(u))*sin(v)','2*sin(u)',[0,2*pi,0,2*pi]);
axis equal
```
图形结果如图 3-19 所示.

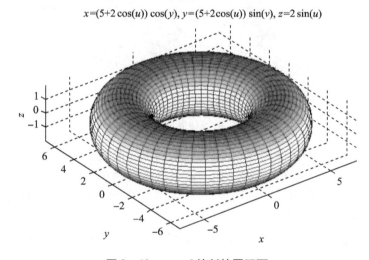

图 3-19 ezsurf 绘制的圆环面

3.3 图形处理

1. 图形加注标记

若需要对图形加注标记可以调用如下命令:

```
title('string')        %在当前图形的顶端上加图例 string;
xlabel('string')       %在当前图形的 X 轴上加图例 string;
ylabel('string')       %在当前图形的 Y 轴上加图例 string;
zlabel('string')       %在当前图形的 Z 轴上加图例 string;
legend                 %添加图例说明
```

gtext('string')	%用鼠标将标注放置在现有的图上时,图形上出现一个交叉的十字,该十字随鼠标的移动而移动,当按下鼠标左键时,该标注 string 放在当前十字交叉的位置
grid on/off	%打开/关闭坐标网格线

例 3-17 在 $[0, 2\pi]$ 区间画 $y = \sin x$,$y = \cos x$ 的图形,并加注图例"自变量 X""函数 Y""示意图",曲线标注"$\sin(x)$"和"$\cos(x)$",并加格栅.

解: 在命令窗口输入:

```
x = linspace(0,2*pi,30);
y = sin(x);
z = cos(x);
plot(x,y,x,z)
gtext('sin(x)');gtext('cos(x)')
xlabel('自变量 X')
ylabel('函数 Y')
title('示意图')
grid on
```

图形结果如图 3-20 所示.

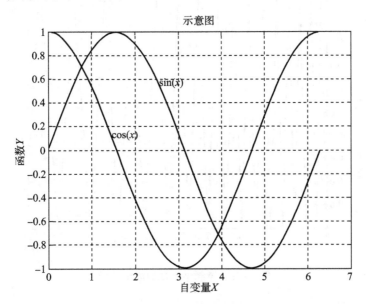

图 3-20 加标注的曲线图

2. 坐标轴控制

用户若对坐标系统不满意，可利用 axis 命令对其重新设定.

函数：axis

格式：axis([xmin xmax ymin ymax])　%控制坐标轴的显示范围；
　　　axis auto　　　%将坐标系统返回到自动缺省状态；
　　　axis square　　%使绘图区域为正方形；
　　　axis equal　　 %各坐标轴采用等长刻度；
　　　axis on/off　　%恢复/取消坐标轴的一切设置

更多的调用方式参见 axis 的联机帮助.

例 3-18 在 $[0.005, 0.01]$ 区间显示 $y = \sin\dfrac{1}{x}$ 的图形.

解：在命令窗口输入：

```
x = linspace(0.0001,0.01,1000);
y = sin(1./x);
plot(x,y)
axis([0.005  0.01  -1  1])
```

图形结果如图 3-21 所示.

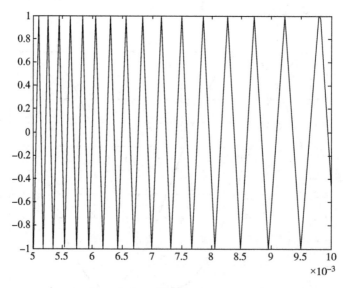

图 3-21　控制坐标轴的显示范围

3. 缩放图形

用命令 zoom 可以达到缩放图形的效果.

函数：zoom

格式：zoom on/off   %为当前图形打开/关闭缩放模式

说明：单击鼠标左键，则在当前图形窗口中，将以鼠标点中的点为中心的图形放大 2 倍；单击鼠标右键，则缩小为原图的 $\frac{1}{2}$.

4. 图形保持

在命令窗中键入一条画图命令后，如果后面键入 hold on（或 hold），就会使画出的曲线得以保留. 此后键入的画图命令，还将画在这一张图上，直到键入 hold off（或 hold）. hold 是一种"拉线开关"式命令，第二次键入 hold 相当于键入 hold off.

例 3 – 19 绘制函数 $y = x\cos x$，$y = e^{\frac{x}{100}}\sin\left(x - \frac{\pi}{2}\right)$，$y = \sin(x - \pi)$ 在 $[0, 2\pi]$ 的图像.

解：在命令窗口输入：

```
x = 0:pi/20:2*pi;
plot(x,x.*cos(x),'-.r*')
hold on
plot(exp(x/100).*sin(x-pi/2),'--mo')
plot(sin(x-pi),':bs')
hold off
```

图形结果如图 3 – 22 所示.

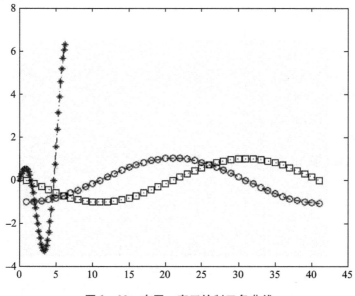

图 3 – 22 在同一窗口绘制三条曲线

5. 改变视角

视点位置可由方位角和仰角表示. 方位角又称旋转角, 为视点位置在 XY 平面上的投影与 X 轴形成的角度, 正值表示逆时针, 负值表示顺时针. 仰角又称视角, 为 XY 平面的上仰或下俯角, 正值表示视点在 XY 平面上方, 负值表示视点在 XY 平面下方.

命令 view 指定立体图形的观察点, 改变视角.

函数:view

格式:view(a b)   %改变视角到(a,b),a 是方位角,b 为仰角. 缺省视角为(-37.5,30)

　　 view([x y z])   %在笛卡儿坐标系中将点(x,y,z)设置为视点

例 3 – 20　画出曲面 $z = (x+y)^2$ 在不同视角的网格图.

解：在命令窗口输入：

```
x = -3:0.1:3;
y = 1:0.1:5;
[X,Y] = meshgrid(x,y);
Z = (X+Y).^2;
subplot(2,2,1);
mesh(X,Y,Z);
subplot(2,2,2);
mesh(X,Y,Z);
view(50,-34)
subplot(2,2,3);
mesh(X,Y,Z);
view(-60,70)
subplot(2,2,4);
mesh(X,Y,Z);
view([2,1,1])
```

图形结果如图 3 – 23 所示.

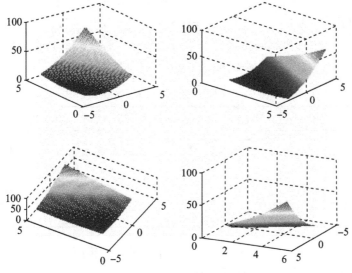

图 3-23 不同视角的网格图

3.4 本章小结

MATLAB 中图形绘制是其一大特色,本章主要介绍了利用 MATLAB 函数和工具绘制二维图形和三维图形的基本方法.

3.5 习 题

1. 绘制下列曲线.

(1) $y = 2x^3 - 3x + 1$, $x \in [-10, 10]$;

(2) $x^2 + y^2 = 1$;

(3) $\begin{cases} x = 3t^2 \\ y = 5t \end{cases}$.

2. 绘制下列三维图形.

(1) $\begin{cases} x = \cos t \\ y = \sin t \\ z = t \end{cases}$;   (2) $\begin{cases} x = (1 + \cos u)\cos v \\ y = (1 + \cos u)\sin v \\ z = \sin u \end{cases}$;

(3) 以点 (2, 3, 4) 为球心,半径为 1 的球面.

3. 绘制下列极坐标图.

(1) $\rho = 2\sin\theta + 3$; (2) $\rho = 3\sqrt{\theta}$; (3) $\rho = \dfrac{3}{\cos\theta}$.

4. 有一组测量数据满足 $y=e^{-at}$，t 的变化范围为 $0\sim 10$，用不同的线型和标记点画出 $a=0.1$、$a=0.2$ 和 $a=0.5$ 三种情况下的曲线.

5. 表 3-3 中列出不同位置的 6 组观察数据，将数据绘制成为分组形式和堆叠形式的条形图.（借助函数 bar，具体用法可查阅 help bar）

表 3-3 不同位置的 6 组观察数据

位置	第1次	第2次	第3次	第4次	第5次	第6次
一	1	3	5	4	2	5
二	6	4	3	2	3	1
三	6	8	2	5	8	3
四	5	4	3	2	7	4

6. $x=\begin{bmatrix} 60 & 43 & 51 & 26 & 19 \end{bmatrix}$，绘制饼图，并将第五个切块分离出来.（借助函数 pie，具体用法可查阅 help pie）

第 4 章

微积分实验

利用 MATLAB 的符号工具箱,可以解决极限、导数、微分、积分、级数和微分方程等方面的问题.

4.1 极　　限

4.1.1 一元函数的极限

求函数的极限可以由函数 limit 来实现.

函数:limit

格式: limit(F,x,a)　　%F 为符号表达式,求 F 当 x 趋于 a 时的极限

limit(F,a)　　%求 F 由 findsym(F)确定的默认变量趋向于 a 时的极限

limit(F)　　%求 F 由 findsym(F)确定的默认变量趋向于 0 时的极限

limit(F,x,a,'right'或'left')　　%求右极限或左极限

例 4-1　求 $\lim\limits_{x \to 0^+} \dfrac{\sin x}{x}$.

解: 在命令窗口输入:

```
syms x;
limit(sin(x)/x,x,0,'right')   %求右极限
```

运行结果为:

```
ans =
1
```

例 4-2　求 $\lim\limits_{x \to 0^-} \dfrac{e^{x^3}-1}{1-\cos(\sqrt{x-\sin x})}$.

解: 在命令窗口输入:

```
syms x;
```

```
limit((exp(x^3) -1)/(1 -cos(sqrt(x - sin(x)))), x,
0, 'left')
```

运行结果为：

```
ans =
    12
```

例 4-3 求 $\lim\limits_{x \to +\infty} x(\sqrt{x^2+1} - x)$.

解：在命令窗口输入：

```
syms x;
f = x * (sqrt(x^2 +1) -x);
L = limit(f, x, inf)
L1 = limit(f, x, inf, 'left')
```

运行结果为：

```
L =
1/2
L1 =
1/2
```

例 4-4 求 $\lim\limits_{x \to \infty} x\left(1 + \dfrac{a}{x}\right)^x \sin\dfrac{b}{x}$.

解：在命令窗口输入：

```
syms x a b;
f = x * (1 +a/x)^x * sin(b/x);
L = limit(f,x,inf)
```

运行结果为：

```
L =
exp(a) * b
```

4.1.2 多元函数的极限

多元函数的极限可通过嵌套的方式使用 limit 函数进行计算.

例 4-5 求 $\lim\limits_{x \to 2}\lim\limits_{y \to 0} \dfrac{\sin(x+y) - \sin(x)}{y}$.

解：在命令窗口输入：

```
syms x y;
f = (sin(x +y) -sin(x))/y;
limit(limit(f,y,0),x,2)
```

运行结果为:
```
ans =
    cos(2)
```

例 4-6 求 $\lim\limits_{\substack{x\to 1/\sqrt{y} \\ y\to\infty}} e^{\frac{-1}{y^2+x^2}}\dfrac{\sin^2 x}{x^2}\left(1+\dfrac{1}{y^2}\right)^{x+a^2y^2}$.

解: 在命令窗口输入:
```
syms x y a;
f = exp(-1/(y^2+x^2))*sin(x)^2/x^2*(1+1/y^2)^
    (x+a^2*y^2);
L = limit(limit(f,x,1/sqrt(y)),y,inf)
```
运行结果为:
```
L =
exp(a^2)
```

4.2 导　　数

4.2.1 一元函数的导数和高阶导数

微分和求导都可以由函数 diff 实现. diff 函数可同时处理数值和符号两种情况下的求导和微分.

函数: `diff`

格式: `diff(F)`　　　%对 findsym 函数确定的默认变量求一阶导数
　　`diff(F,'a')` %对变量 a 求一阶导数
　　`diff(F,n)` 　%对 findsym 确定的默认变量求 n 阶导数
　　`diff(F,'a',n)` 或 `diff(F,n,'a')`　　%对变量 a 求 n 阶导数

例 4-7 求 $f(x)=\dfrac{(x-1)^5}{x+1}$ 的一阶导数.

解: 在命令窗口输入:
```
syms x;
f = (x-1)^5/(x+1);
df = diff(f,1);           %求一阶导数
df = simplify(df)         %化简
```
运行结果为:
```
df =
```

```
2*(x-1)^4*(2*x+3)/(x+1)^2
```
则 $f'(x) = \dfrac{2(x-1)^4(2x+3)}{(x+1)^2}$.

例 4-8 设 $y = x\cos x$，求 y''，$y^{(3)}$.

解：在命令窗口输入：

```
syms x;
y=x*cos(x);
D2=diff(y,x,2);        %求 y 对 x 的 2 阶导数
D3=diff(y,x,3)         %求 y 对 x 的 3 阶导数
```

运行结果为：

```
y =
x*cos(x)
D2 =
-2*sin(x)-x*cos(x)
D3 =
-3*cos(x)+x*sin(x)
```

例 4-9 求椭圆的参数方程 $\begin{cases} x = a\cos t \\ y = b\sin t \end{cases}$ 所确定的函数的导数 $\dfrac{dy}{dx}$.

解：在命令窗口输入：

```
fx=sym('a*cos(t)');
fy=sym('b*sin(t)');
dxt=diff(fx,'t');
dyt=diff(fy,'t');
dv=dyt/dxt;
simplify(dv)           %化简
```

运行结果为：

```
ans =
-b*cos(t)/a/sin(t)
```

阅读：参数方程的导数【选学】

若已知参数方程 $y = f(t)$，$x = g(t)$，则 $\dfrac{d^n y}{dx^n}$ 可以由递推公式求出

$$\dfrac{dy}{dx} = \dfrac{f'(t)}{g'(t)}$$

$$\frac{\mathrm{d}^2 y}{\mathrm{d} x^2} = \frac{\mathrm{d}}{\mathrm{d} t}\left(\frac{f'(t)}{g'(t)}\right)\frac{1}{g'(t)} = \frac{\mathrm{d}}{\mathrm{d} t}\left(\frac{\mathrm{d} y}{\mathrm{d} x}\right)\frac{1}{g'(t)}$$

…

$$\frac{\mathrm{d}^n y}{\mathrm{d} x^n} = \frac{\mathrm{d}}{\mathrm{d} t}\left(\frac{\mathrm{d}^{n-1} y}{\mathrm{d} x^{n-1}}\right)\frac{1}{g'(t)}$$

对于简单的一阶和二阶导数，可以直接用下面的公式

$$\frac{\mathrm{d} y}{\mathrm{d} x} = \frac{f'(t)}{g'(t)}, \quad \frac{\mathrm{d}^2 y}{\mathrm{d} x^2} = \frac{f''(t)g'(t) - f'(t)g''(t)}{g^3(t)}$$

对于更高阶参数方程的导数，可以编写出如下的递归调用函数来求解。建立 M 文件：

```
function result = paradiff(y,x,t,n)
if mod(n,1) ~= 0, error('n should positive integer, please correct')
else
if n == 1, result = diff(y,t)/diff(x,t);
else, result = diff(paradiff(y,x,t,n-1),t)/diff(x,t);
end
end
```

例 4 – 10 已知参数方程 $x = \dfrac{\cos t}{t+1}$，$y = \dfrac{\sin t}{t+1}$，求 $\dfrac{\mathrm{d}^3 y}{\mathrm{d} x^3}$。

解：在命令窗口输入：

```
syms t;
y = sin(t)/(t+1);
x = cos(t)/(t+1);
f = paradiff(y,x,t,3);        %调用 paradiff 函数文件
[n,d] = numden(f);            %分子和分母分别存放在 n 与 d 中
F = simple(n)/simple(d)
```

运行结果为：

```
F =
-(t+1)^5*(sin(t)^2+cos(t)^2)*(3*cos(t)*t^2+6*
cos(t)*t-4*sin(t)*t-cos(t)-4*sin(t))/(sin(t)*
t+sin(t)+cos(t))^5
```

在命令窗口继续输入 latex(F) 语句，将输出结果复制并粘贴在 word 的公

式编辑器中可以得到如下表达式：

$$\frac{d^3 y}{dx^3} = -\frac{(t+1)^5 [3\cos(t)t^2 + 6\cos(t)t - 4\sin(t)t - \cos(t) - 4\sin(t)]}{[\sin(t)t + \sin(t) + \cos(t)]^5},$$

注意 $\sin^2 t + \cos^2 t = 1$，表达式中已省去 $\sin^2 t + \cos^2 t$。

4.2.2 多元函数的偏导数

MATLAB 的符号运算工具箱中并未提供求偏导数的专门函数，仍可用 diff 函数直接实现。用 diff 函数计算多元函数的偏导数，需要指定相对于哪个变量求偏导数。

嵌套使用 diff 函数求解多元函数的偏导问题 $\dfrac{\partial^{m+n} f}{\partial x^m \partial y^n}$，调用格式为：

```
diff(diff(f,x,m),y,n).
```

对于隐函数 $f(x_1, x_2, \cdots, x_m) = 0$ 求偏导数问题 $\dfrac{\partial x_i}{\partial x_j} = -\dfrac{\partial f}{\partial x_j} \bigg/ \dfrac{\partial f}{\partial x_i}$，可使用 diff 函数实现，调用格式为：

```
F = -diff(f,xj)/diff(f,xi).
```

例 4 – 11 设 $f(s, t) = \sin(st)$，求 $\dfrac{\partial f}{\partial t}$，$\dfrac{\partial^2 f}{\partial s \partial t}$。

解：在命令窗口输入：
```
syms s t;
f = sin(s*t);
ft = diff(f,t)
```
运行结果为：
```
ft =
cos(s*t)*s
```
继续输入：
```
fst = diff(diff(f,s),t)
```
运行结果为：
```
fst =
-sin(s*t)*s*t+cos(s*t)
```

例 4 – 12 设 $\ln x + e^{-\frac{y}{x}} = e$，求 $\dfrac{dy}{dx}$。

解：令 $F(x, y) = \ln x + e^{-\frac{y}{x}} - e$，先求 F'_x，再求 F'_y。
在命令窗口输入：

```
syms x y;
F = log(x) + exp(-y/x) - exp(1);
dFx = diff(F,x);
dFy = diff(F,y);
dyx = -dFx/dFy;
simplify(dyx)
```
运行结果为：
```
ans =
(x + y * exp(-y/x))/x * exp(y/x)
```
因此，$\dfrac{dy}{dx} = \dfrac{1}{x}(x + ye^{-\frac{y}{x}})e^{\frac{y}{x}} = e^{\frac{y}{x}} + \dfrac{y}{x}$.

例 4 – 13 设 $x^2 + y^2 + z^2 - 4z = 0$，求 $\dfrac{\partial z}{\partial x}$.

解：在命令窗口输入：
```
syms x y z;
f = x*x + y*y + z*z - 4*z;
fx = diff(f,x);
fz = diff(f,z);
zx = simplify(-fx/fz)
```
运行结果为：
```
zx =
-x/(z-2)
```

4.2.3　梯度的计算

MATLAB 中函数的梯度的计算可借助 jacobian 函数得以实现.

函数：`jacobian`

格式：`jacobian([f(x,y,z),g(x,y,z),h(x,y,z)],[x,y,z])`
　　　　　%返回多元向量函数的 `jacobian` 矩阵
　　　`jacobian(f(x,y,z),[x,y,z])`　　%返回函数 `f` 的梯度

例 4 – 14 求函数 $u = x^2 + y^2 + z^2 - 4z$ 的梯度.

解：在命令窗口输入：
```
syms x y z;
f = x*x + y*y + z*z - 4*z;
jacobian(f,[x y z])
```
运行结果为：

```
ans =
[2*x,2*y,2*z-4]
```

4.3 积 分

4.3.1 不定积分和定积分

MATLAB 符号运算工具箱中提供了一个 int 函数,可以直接用来求符号函数的不定积分和定积分.

函数:`int`

格式:`int(F)`　　　　%设 F 为符号表达式,对默认变量求不定积分
　　　`int(F,v)`　　　　%对 v 变量求不定积分
　　　`int(F,a,b)`　　　%对默认变量求从 a 到 b 的定积分
　　　`int(F,v,a,b)`　　%对 v 变量求从 a 到 b 的定积分

注意:对于无穷积分问题,则只需将命令中 a(或 b)改为 $-\inf$(或 $\inf$)即可.

例 4-15 求不定积分 $\int x^n \mathrm{d}x$.

解:在命令窗口输入:

```
syms x n;
f = x^n;
F = int(f,x)    %求不定积分
```

运行结果为:

```
F =
x^(n+1)/(n+1)
```

因此, $\int x^n \mathrm{d}x = \dfrac{1}{n+1} x^{n+1}$.

注意: F 是一个原函数,实际的不定积分应该是 $F(x)+C$ 构成的函数族.

例 4-16 求定积分 $\int_0^1 x^9 \mathrm{d}x$.

解:在命令窗口输入:

```
syms x n;
f = x^9;
A = int(f,x,0,1)    %求定积分
```

运行结果为:

A =
1/10

例 4 – 17 求 $\int_0^{1.5} e^{-\frac{x^2}{2}} dx$ 和 $\int_0^{\infty} e^{-\frac{x^2}{2}} dx$.

解：在命令窗口输入：
```
syms x;
f = exp( - x^2/2);
A = int(f,x,0,1.5)
```
运行结果为：
```
A =
1/2 * erf(3/4 * 2^(1/2)) * 2^(1/2) * pi^(1/2)
>>vpa(A,30)        %结果不是确切的数值,可用函数 vpa 转化
ans =
1.08585331766601656970241907654    %30 位有效数字
>>B = int(f,x,0,inf)
B =
1/2 * 2^(1/2) * pi^(1/2)
```

例 4 – 18 求 $\int x\sin(ax^4)\exp(-x^2/2)dx$.

解：在命令窗口输入：
```
syms a x;
int(x * sin(a * x^4) * exp( - x^2/2))
```
运行后，将出现如下的错误信息：
```
Warning: Explicit integral could not be found.
> In sym.int at 58
ans =
int(x * sin(a * x^4) * exp( -1/2 * x^2),x)
```
说明积分不成功. 对于不可积的函数来说，MATLAB 也是无能为力的.

例 4 – 19 求解变限积分 $\int_0^{\sin x} t^2 e^t dt$.

解：在命令窗口输入：
```
syms x t;
int(t^2 * exp(t),0,sin(x))
```
运行结果为：
```
ans =
-2 + 2 * exp(sin(x)) - 2 * exp(sin(x)) * sin(x) +
```

```
exp(sin(x)) * sin(x)^2
```

例 4-20 计算由椭圆 $\dfrac{x^2}{a^2}+\dfrac{y^2}{b^2}=1$ 所围成的图形绕 x 轴旋转而成的旋转体的体积.

解：旋转体的体积为 $V=\displaystyle\int_{-a}^{a}\pi b^2\left(1-\dfrac{x^2}{a^2}\right)\mathrm{d}x.$

在命令窗口输入：
```
syms a b x;
f = pi * b^2 * (1 - x^2/a^2);
V = int(f,x,-a,a)
```
运行结果为：
```
V =
4/3 * pi * b^2 * a
```

4.3.2 重积分

重积分问题可以先将重积分化为累次积分，再使用 int 函数的嵌套来解决，关键是确定各个积分限.

例 4-21 求 $\displaystyle\int_0^r\int_0^{\sqrt{r^2-x^2}}\sqrt{r^2-x^2}\,\mathrm{d}y\mathrm{d}x.$

解：在命令窗口输入：
```
syms r x y;
A = int(int(sqrt(r^2 - x^2),y,0,sqrt(r^2 - x^2)),x,
0,r)
```
运行结果为：
```
A =
2/3 * r^3
```

例 4-22 计算 $\displaystyle\iint_D 3x^2y^2\mathrm{d}\sigma$，其中，$D$ 是由 x 轴、y 轴和抛物线 $y=1-x^2$ 在第一象限内所围成的区域.

解：首先通过作图确定积分区域 D.

在命令窗口输入
```
ezplot('1 - x^2',[0,1])
```
运行后输出图形如图 4-1 所示.

将二重积分化成二次积分：

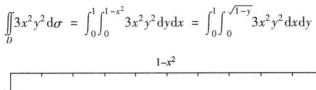

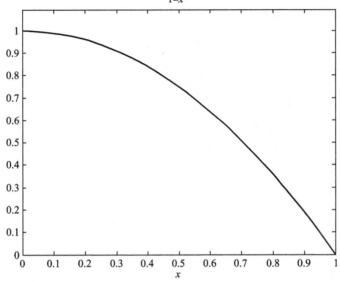

图 4-1 确定积分区域

采用先对变量 y 积分的二次积分求解：

>>syms x y;
  int(int(3*x^2*y^2,y,0,1-x^2),x,0,1)

运行结果为：

ans =
16/315

若原积分问题没有解析解，则需要采用数值方法求解，可以调用以下函数：

quadl(fun,a,b)   %采用 lobatto 方法求定积分的数值近似
                  （高精度数值积分）
dblquad(fun,xmin,xmax,ymin,ymax)   %二重积分的数值
                                      近似
triplequad(fun,xmin,xmax,ymin,ymax,zmin,zmax)
  %三重积分的数值近似

例 4-23 用 quadl 函数求 $\int_0^2 \dfrac{1}{x^3-2x-5}dx$.

解：方法一：

首先编写函数的 M 文件（文件名自动以函数名生成）：
```
function y=myf(x)
y=1./(x.^3-2*x-5);
```
然后在命令窗口输入
```
>>Q=quadl(@ myf,0,2)
```
运行结果为：
```
Q =
    -0.4605
```
方法二：
```
>>quadl(inline('1./(x.^3-2*x-5)'),0,2)
```
运行结果为：
```
ans =
    -0.4605
```
方法三：
```
>>quadl(@ (x,y)1./(x.^3-2*x-5),0,2)
```
运行结果为：
```
ans =
    -0.4605
```
说明：

①有时为了描述某个数学函数的方便，可以用 inline( ) 函数来直接编写该函数，形式相当于 M 函数，但无须编写一个真正的 MATLAB 文件，就可以描述出某种数学关系. 其调用格式为 fun = inline('函数内容'，自变量列表).

②匿名函数是 MATLAB 7.0 版提出的一种全新的函数描述形式，其基本格式为 f = @ (变量列表) 函数内容，例如，f = @ (x,y)sin(x.^2+y.^2). 更重要的是，该函数允许直接使用 MATLAB 工作空间中的变量.

4.3.3 曲线积分与曲面积分的计算

MATLAB 并未直接提供曲线积分和曲面积分的现成函数. 曲线积分和曲面积分可以转换成一般积分问题，再利用 MATLAB 语言的符号运算工具箱来求解.

例 4-24 设 L 为螺旋线 $\begin{cases} x = a\cos t \\ y = a\sin t \\ z = at \end{cases}$，$0 \leqslant t \leqslant 2\pi$，$a > 0$，求 $\int_L \dfrac{z^2}{x^2 + y^2} \mathrm{d}s$.

注意：$ds = \sqrt{\left(\dfrac{dx}{dt}\right)^2 + \left(\dfrac{dy}{dt}\right)^2 + \left(\dfrac{dz}{dt}\right)^2}\,dt$

解：在命令窗口输入：

```
syms x y z t;
syms a positive;  %定义 a 为 positive 类型,在之后的计算中
                   a 只会被赋予正值①
x=a*cos(t);  y=a*sin(t);  z=a*t;
f=z^2/(x^2+y^2);
I=int(f*sqrt(diff(x,t)^2+diff(y,t)^2+diff(z,
   t)^2),t,0,2*pi)
```

运行结果为：

```
I =
8/3*pi^3*a*2^(1/2)
```

例 4-25 求曲线积分 $\displaystyle\int_L \dfrac{x+y}{x^2+y^2}dx - \dfrac{x-y}{x^2+y^2}dy$，$L$ 为正向圆周 $x^2 + y^2 = a^2$.

解：若想按圆周曲线进行积分，则可以写出参数方程 $x = a\cos t$，$y = a\sin t$，$(0 \leqslant t \leqslant 2\pi)$，用下面的方法可以直接求出曲线积分.

在命令窗口输入：

```
syms t; syms a positive;
x=a*cos(t); y=a*sin(t);
F=[(x+y)/(x^2+y^2),-(x-y)/(x^2+y^2)];
r=[diff(x,t);diff(y,t)];
I=int(F*r,t,0,2*pi)
```

运行结果为：

```
I =
-2*pi
```

例 4-26 求曲面 $z = x^2 + y^2$ 在 $0 \leqslant z \leqslant 1$ 部分的面积.

解：所求曲面面积为 $\displaystyle\iint_\Sigma dS = \iint_{D_{xy}} \sqrt{1 + z_x^2 + z_y^2}\,dxdy$.

在命令窗口输入：

```
syms x y;
```

---

①定义特殊类型的符号变量：
syms a 类型,或者 a = sym('a','类型')，这里的类型可以是 real、unreal、positive.

```
z = 'x^2 + y^2';
f = sqrt(1 + diff(z,x)^2 + diff(z,y)^2)
```

运行结果为:

```
f =
(1 + 4 * x^2 + 4 * y^2)^(1/2)
```

下面用极坐标计算.

继续在命令窗口输入:

```
syms r t f;
f = (1 + 4 * r^2)^(1/2) * r;
A = int(int(f,r,0,1),t,0,2 * pi);
simplify(A)
```

运行结果为:

```
ans =
1/6 * pi * (5 * 5^(1/2) - 1)
```

例 4-27 求曲面积分 $I_2 = \iint\limits_{S}(xy+z)\mathrm{d}x\mathrm{d}y$,其中 S 是椭球面 $\dfrac{x^2}{a^2} + \dfrac{y^2}{b^2} + \dfrac{z^2}{c^2} = 1$ 的上半部,且沿椭球面的上面.

解:可以引入参数方程 $\begin{cases} x = a\sin u\cos v \\ y = b\sin u\sin v \\ z = c\cos u \end{cases}$,其中 $0 \leqslant u \leqslant \pi/2, \ 0 \leqslant v \leqslant 2\pi$).

于是,原曲面积分问题可以转换为一般二重积分问题: $\int_0^{2\pi}\int_0^{\pi/2} CR\mathrm{d}u\mathrm{d}v$,其中 $R = xy + z, C = x_u y_v - x_v y_u$.

在命令窗口输入:

```
syms u v; syms a b c positive;
x = a * sin(u) * cos(v); y = b * sin(u) * sin(v);
z = c * cos(u);
C = diff(x,u) * diff(y,v) - diff(y,u) * diff(x,v);
R = x * y + z;
I = int(int(R * C,u,0,pi/2),v,0,2 * pi)
```

运行结果为:

```
I =
2/3 * b * a * c * pi
```

第 4 章 微积分实验 95

4.4 级　　数

4.4.1 级数求和

MATLAB 符号运算工具箱中提供了 symsum 函数，可以用于已知通项的有限项求和或无穷级数的和.

函数：`symsum`

格式：`S = symsum(u,t,a,b)`

说明：计算级数 $\sum_{t=a}^{b} u$，其中 u 是包含符号变量 t 的表达式，是待求和级数的通项. 当 u 的表达式只含有一个变量时，参数 t 可以省略.

例 4 - 28 观察下列级数的部分和序列的变化趋势.

(1) $1 + \dfrac{1}{2} + \dfrac{1}{3} + \dfrac{1}{4} + \cdots + \dfrac{1}{n} + \cdots$

(2) $1 - \dfrac{1}{2} + \dfrac{1}{3} - \dfrac{1}{4} + \cdots + (-1)^{n+1}\dfrac{1}{n} + \cdots$

解：在命令窗口输入：

```
clear
clc
for n = 1:100
    for k = 1:n
        p1(k) = 1/k;
        p2(k) = (-1)^(k+1)/k;
    end
    s1(n) = sum(p1);
    s2(n) = sum(p2);
end
subplot(2,1,1);
plot(s1)
subplot(2,1,2)
plot(s2)
```

运行结果如图 4 - 2 所示.

例 4 - 29 判断下列级数是否收敛，如收敛则求其和.

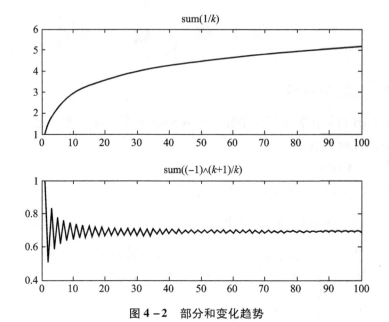

图 4-2 部分和变化趋势

(1) $1 + \dfrac{1}{2} + \dfrac{1}{3} + \dfrac{1}{4} + \cdots + \dfrac{1}{n} + \cdots$

解:在命令窗口输入:

```
n = sym('n');    %确定 n 为符号变量
s1 = symsum(1/n,n,1,inf)    %无穷级数的和
```

运行结果为:

```
s1 =
Inf
```

易见,原级数发散.

(2) $1 - \dfrac{1}{2} + \dfrac{1}{3} - \dfrac{1}{4} + \cdots + (-1)^{n+1} \dfrac{1}{n} + \cdots$

解:在命令窗口输入:

```
n = sym('n');
s2 = symsum((-1)^(n+1)/n,1,inf)    %未指定求和变量,默认
                                     为 n
```

运行结果为:

```
s2 =
log(2)
```

易见,原级数收敛,且其和为 ln2.

(3) $x + 2x^2 + 3x^3 + \cdots + nx^n + \cdots$

解：在命令窗口输入：
```
syms n x;
s3 = symsum(n*x^n,n,1,inf)    %通项中包含两个变量,故需指
                               明求和变量为n
```
运行结果为：
```
s3 =
x/(x-1)^2      %给出函数项级数的和函数,但未指明和函数的收
               敛域
```
再输入：
```
R = 1/limit(n^(1/n),inf)    %确定收敛半径
```
运行结果为：
```
R =
1
```
易见，$\sum_{n=1}^{\infty} nx^n = \dfrac{x}{(x-1)^2}, x \in (-1,1)$.

利用 symsum 函数除了可以完成无穷项级数的和，也可以进行有限项求和，例如：
```
>> syms n;
s4 = symsum(n^2,1,100)    %计算 1+2²+3²+4²+…+n²+…+
                           100²的和
s4 =
338350
```
但对于有些级数，symsum 函数不能求得其和，从而无法得知其敛散性. 此时，可使用 MATLAB 的数值计算功能进行处理.

例 4-30 试求 $\sum_{n=1}^{\infty} \ln\left(1 + \dfrac{1}{n^2}\right)$ 的和.

解：在命令窗口输入：
```
syms n;
symsum(log(1+1/n^2),1,inf)
```
运行结果为：
```
ans =
sum(log(1+1/n^2),n=1..Inf)
```
此结果说明 symsum 命令不能求得其和. 我们采用数值方法计算部分和

$$S_n = \sum_{k=1}^{n} \ln\left(1 + \frac{1}{k^2}\right)$$

将下面的程序存入 M 文件 digit_sum.m 中：

```
n = 9000;     %部分和的项数
Sn = 0;
for k = 1:n
Sn = Sn + log(1 + 1/k^2);
end
fprintf('Sn = %f,(n = %d)',Sn,n)
%运行 help fprintf 查询 fprintf 的用法，Sn = %f 表示 Sn 输
出格式为小数，n = %d 表示 n 输出格式为整数
```

在命令窗口输入：

```
digit_sum
```

运行结果为：

Sn = 1.301735,(n = 9000)

再对程序中的变量 n 分别赋值 n = 9 000，n = 900 000，n = 9 000 000，n = 900 000 000，并执行程序，得计算结果为：

Sn = 1.301735,(n = 9000)
Sn = 1.301845,(n = 900000)
Sn = 1.301846,(n = 9000000)
Sn = 1.301846,(n = 900000000)

由此看出，随着 n 的增大，S_n 趋于 1.301 85. 因此，该级数收敛，且其和约为 1.301 85.

4.4.2 泰勒级数展开

用符号运算工具箱的 taylor 函数进行泰勒级数展开．

函数：taylor

格式：taylor(f,n,v)   %返回 f 的 n - 1 阶麦克劳林展开式

taylor(f,n,v,a) %返回 f 关于 a 的 n - 1 阶泰勒展开式

说明：

① f 为符号表达式；v 为指定表达式中的变量，v 可以是字符串或符号变量；n 的默认值为 6；变量 a 可以是数值、符号或表示数值或未知值的字符串．

② n、v 和 a 的顺序没有先后之分．taylor 函数根据变量的位置和类型确定

它们的用途. 还可以忽略 n、v、a 等变量中的任何一个.

③如果不确定 v, taylor 函数用 findsym 函数确定函数的变量.

例 4 – 31 求函数 $y = \dfrac{1}{5+4\cos x}$ 的 8 阶麦克劳林展开式.

解：在命令窗口输入：
```
syms x
f =1/(5 +4 * cos(x));
t =taylor(f,9)    %展开到 x 的 8 次幂时应选择 n = 9
```
运行结果为：
```
t =
1/9 +2/81 * x^2 +5/1458 * x^4 +49/131220 * x^6 +443/13226976 * x^8
```
则 $\dfrac{1}{5+4\cos x} = 1/9 + \dfrac{2}{81}x^2 + \dfrac{5}{1\,458}x^4 + \dfrac{49}{131\,220}x^6 + \dfrac{443}{13\,226\,976}x^8 + \cdots$.

例 4 – 32 求函数 $y = \dfrac{1+x+x^2}{1-x+x^2}$ 在 $x = 1$ 处的 5 阶泰勒展开式.

解：在命令窗口输入：
```
x =sym('x');
f1 =(1 +x +x^2)/(1 -x +x^2);
taylor(f1,6,1)    %展开到 x -1 的 5 次幂时应选择 n =6
```
运行结果为：
```
ans =
3 -2 * (x -1)^2 +2 * (x -1)^3 -2 * (x -1)^5
```
则 $\dfrac{1+x+x^2}{1-x+x^2} = 3 - 2(x-1)^2 + 2(x-1)^3 - 2(x-1)^5 + \cdots$

由函数 taylortool 可以引出泰勒级数逼近分析界面, 该界面用于观察函数 $f(x)$ 在给定区间被 N 阶泰勒多项式 $T_n(x)$ 逼近的情况.

例 4 – 33 求函数 $y = \sin x$ 在 $x = 0$ 处的 3, 5, 7, …, 15 阶展开式, 通过作图比较函数与其近似多项式, 并形成动画进一步观察.

解：在命令窗口输入：
```
taylortool
```
在"f(x) ="文本框中输入"sin(x)", 在"N ="文本框中输入"3", a 是级数的展开点, 在"a ="文本框中输入"0", 按【Enter】键确认后, 即得如图 4 – 3 所示的 3 阶泰勒展开的图形.

在"N ="文本框中再依次输入"5, 7, …, 15", 类似可得其各阶泰勒

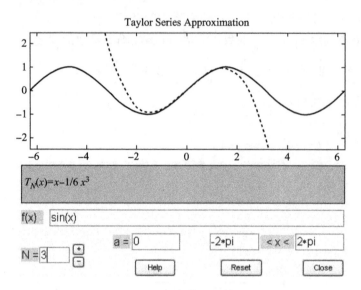

图 4-3 3 阶泰勒展开的图形

展开的图形.

图 4-4 给出的是 15 阶泰勒展开的图形.

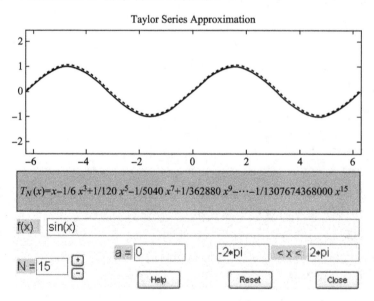

图 4-4 15 阶泰勒展开的图形

4.4.3 Fourier 级数展开

给定函数 $f(x)$，其中，$x \in [-L, L]$，且周期为 $T = 2L$，可以对该函数

在其他区间上进行周期延拓,使得 $f(x)=f(kT+x)$,k 为任意整数. 这样可以把函数展开成无穷个三角函数和的形式,即把函数展开为下面的三角级数形式:

$$f(x)=\frac{a_0}{2}+\sum_{n=1}^{\infty}\left(a_n\cos\frac{n\pi}{L}x+b_n\sin\frac{n\pi}{L}x\right)$$

其中,

$$a_n=\frac{1}{L}\int_{-L}^{L}f(x)\cos\frac{n\pi x}{L}\mathrm{d}x \quad n=0,1,2,\cdots$$

$$b_n=\frac{1}{L}\int_{-L}^{L}f(x)\sin\frac{n\pi x}{L}\mathrm{d}x \quad n=1,2,3,\cdots$$

称该级数为 Fourier 级数,a_n 和 b_n 称为 Fourier 系数.

若 $x\in(c,d)$,则可以计算出 $L=(d-c)/2$. 这时可以引入新变量 $\hat{x}$,使得 $x=\hat{x}+L+c$,则可以将 $f(\hat{x})$ 映射成 $[-L,L]$ 区间上的函数. 这样可以对其进行 Fourier 级数展开. 然后再将 $\hat{x}=x-L-c$ 转换成 x 的函数即可.

MATLAB 没有直接提供求解 Fourier 系数与级数的现成函数,但可以由上述公式很容易地编写求解 Fourier 级数的函数文件.

```
function [A,B,F]=fseries(f,x,n,a,b)
if nargin=3, a=-pi; b=pi;end   %nargin 是实际函数输
                                入参数个数
L=(b-a)/2;
if a+b, f=subs(f,x,x+L+a);   %subs 是通用置换函数①
end   % 如果 x 区间对于 y 轴非对称,就将 x 置换为 x+L+a
A=int(f,x,-L,L)/L; B=[]; F=A/2;   %求 a0/2
%以下循环是求 an 和 bn
for i=1:n
an=int(f*cos(i*pi*x/L),x,-L,L)/L;   %积分求系
                                     数 an
bn=int(f*sin(i*pi*x/L),x,-L,L)/L;   %积分求系
                                     数 bn
A=[A,an];   %记录所有 an
B=[B,bn];   %记录所有 bn
```

---

①通用置换函数的用法:
 subs(S,x,x') 表示在符号表达式 S 中用 x' 代替 x. 其中 x 是符号变量或表示变量名的字符串,x' 是符号或数值变量或表达式.

```
        F=F+an*cos(i*pi*x/L)+bn*sin(i*pi*x/L);
        %得到n阶Fourier展开式
      end
      if a+b, F=subs(F,x,x-L-a);
      end   %如果x区间对于y轴非对称,再将x置换回x-L-a
```

该函数的调用格式为:

```
        [A,B,F]=fseries(f,x,p,a,b)
```

说明: f 为待展开的函数, x 为自变量, p 为展开项数, $[a,b]$ 为展开区间, 默认值为 $[-\pi, \pi]$. A、B 为Fourier系数, F 为返回的展开式.

例4-34 求函数 $y=x(x-\pi)(x-2\pi)$, $x\in(0,2\pi)$ 的Fourier级数前12项的展开.

解: 在命令窗口输入:

```
      syms x;
      f=x*(x-pi)*(x-2*pi);
      [A,B,F]=fseries(f,x,12,0,2*pi);
      F
```

运行结果为:

```
      F=
      12*sin(x)+3/2*sin(2*x)+4/9*sin(3*x)+3/16*
      sin(4*x)+12/125*sin(5*x)+1/18*sin(6*x)+12/343*
      sin(7*x)+3/128*sin(8*x)+4/243*sin(9*x)+3/250*
      sin(10*x)+12/1331*sin(11*x)+1/144*sin(12*x)
```

则函数的Fourier级数前12项的展开为:

$$12\sin x + \frac{3}{2}\sin 2x + \frac{4}{9}\sin 3x + \frac{3}{16}\sin 4x + \frac{12}{125}\sin 5x + \frac{1}{18}\sin 6x + \frac{12}{343}\sin 7x +$$

$$\frac{3}{128}\sin 8x + \frac{4}{243}\sin 9x + \frac{3}{250}\sin 10x + \frac{12}{1331}\sin 11x + \frac{1}{144}\sin 12x.$$

下面的语句给出了 $(-\pi, 3\pi)$ 内12项Fourier级数展开对原函数的拟合情况.

```
      subplot(1,2,1)
      ezplot(f,[-pi,3*pi])    %画原函数曲线
      subplot(1,2,2)
      ezplot(f,[-pi,3*pi])    %画原函数曲线
      hold on
      ezplot(F,[-pi,3*pi])    %画级数展开的曲线
```

输出图形如图 4-5 所示.

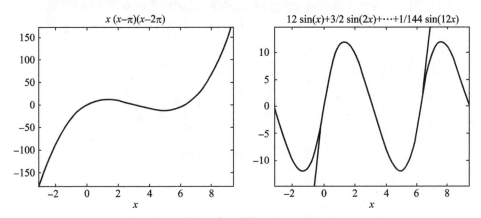

图 4-5　Fourier 级数展开对原函数的拟合情况

由图 4-5 可以看出这时的拟合效果在 (0, 2π) 区间内很理想, 但在其他区间内, 差别非常大. 这是因为 Fourier 级数是定义在周期延拓基础上的, 所以在其他区间和原来的函数完全不同.

例 4-35　考虑 (-π, π) 区间的方波信号, 假设 $x \geq 0$ 时, $y = 1$, 否则, $y = -1$. 试对该方波信号进行 Fourier 级数拟合, 并观察用多少项能有较好的拟合效果.

解：给定的函数可以由 $f(x) = |x|/x$ 表示, 由下面语句可以生成 x 轴数据点, 求出理论的方波数值.

在命令窗口输入：

```
syms x;
f = abs(x)/x;         %定义方波信号,给出待展开函数
xx = [-pi:pi/200:pi];    %给出所有要作图的点
xx = xx(xx ~= 0);     %剔除零点
xx = sort([xx, -eps, eps]);    %sort 函数的作用是将元素
                               按顺序排列
yy = subs(f, x, xx);  %计算 f(x) 的值
plot(xx, yy)          %做 f(x) 的图形
hold on
```

在图形窗口菜单栏选中 "Edit", 再选择 "Axes Properties", 在 "Property Editor" 窗口调整 y 轴输出的范围, 将 y 的范围设置在 -1.5 到 1.5 之间 (见图 4-6).

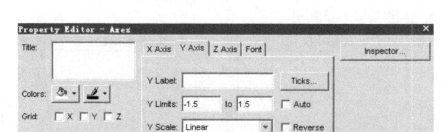

图 4-6 Property Editor

修改后的方波函数的图像如图 4-7 所示.

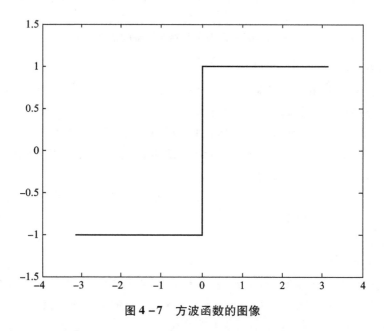

图 4-7 方波函数的图像

下面通过不同阶次的 Fourier 级数展开去拟合原来的方波函数.
继续在命令窗口输入:

```
for n =1:20;
   [a,b,f1] =fseries(f,x,n);
   y1 =subs(f1,x,xx);
   plot(xx,y1);
end
```

输出的图形如图 4-8 所示.

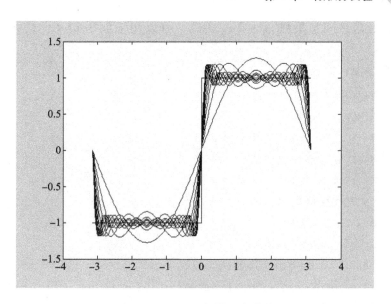

图 4-8 不同阶数的拟合曲线

最后的"xx，y1"是 $n=20$ 时的结果，现用红色的曲线凸显出来.
在命令窗口输入：

```
plot(xx,y1,'r')
```

输出图形如图 4-9 所示.

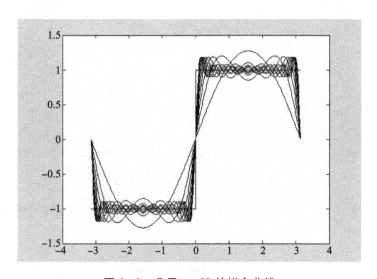

图 4-9 凸显 $n=20$ 的拟合曲线

从得出的结果看，当阶数等于 10 左右就能得出较好的拟合，再增加阶次也不会有显著的改善.

如果比较区间扩展到 $(-2\pi, 2\pi)$，可以用下面语句来比较拟合情况（取 $n=14$）．

在命令窗口输入：

```
syms x;
f = abs(x)/x;
xx = [-pi:pi/200:pi];
xx = xx(xx~=0);
xx = sort([xx,-eps,eps]);
yy = subs(f,x,xx);
plot(xx,yy)
hold on
[a,b,f1] = fseries(f,x,14);
y1 = subs(f1,x,xx); plot(xx,y1)
```

输出图形如图 4-10 所示．

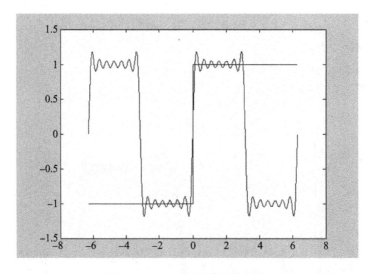

图 4-10　$n=14$ 时的拟合状况

可以看出，在指定区间以外的周期延拓区间，Fourier 级数与原来的函数无关．

4.5　微分方程

微分方程可以通过函数 dsolve 求解．

函数：dsolve

格式：r = dsolve('eq1,eq2,…','cond1,cond2,…','v')
　　　　r = dsolve('eq1','eq2',…,'cond1','cond2',…,'v')

说明：

①输入参数 eq_1、eq_2、…表示微分方程，$cond_1$、$cond_2$、…表示边界条件和（或）初始条件，v 为独立变量. 默认的独立变量是 t，用户也可以使用其他变量来代替 t，只要把其他变量放在输入变量的最后即可.

②在符号变量中不能再出现字母 D. 字母 D 代表微分算子，即 $\dfrac{d}{dt}$，字母 D 后面所跟的数字代表几阶微分，如 D2 代表 $\dfrac{d^2}{dt^2}$，跟在微分算子后面的字母是被微分的变量，如 D3y 代表 $\dfrac{d^3 y}{dt^3}$.

③初始/边界条件可用这样的形式给出：$y(a) = b$ 或 $Dy(a) = b$. 此处的 y 是被微分变量，a 和 b 是常量. 如果初始条件的个数少于被微分变量的个数，则解中会出现 C_1、C_2 这样的不定常数.

例 4 - 36　求解微分方程 $\dfrac{dy}{dx} = 1 + y^2$.

解：在命令窗口输入：
　　y = dsolve('Dy = 1 + y^2')
运行结果为：
　　y =
　　tan(t + C1)　　%t 为默认的自变量

例 4 - 37　求解微分方程 $\begin{cases} y'' = \cos 2x - y \\ y(0) = 1 \\ y'(0) = 0 \end{cases}$.

解：在命令窗口输入：
　　y = dsolve('D2y = cos(2*x) - y','y(0) = 1','Dy(0) = 0','x');
　　y = simplify(y)　　%化简 y 的形式
运行结果为：
　　y =
　　4/3 * cos(x) - 2/3 * cos(x)^2 + 1/3

如果函数找不到显示解，它会试图计算隐式解. 返回隐式解时，会给出警告信息并返回一个空的 sym. 此时可以用 MATLAB 函数 ode23 或 ode45 求数值解. 在一些有非线性方程的情况下，输出结果可能与更低阶的微分方程或积分方程等价.

基于龙格-库塔法，MATLAB 提供了求常微分方程数值解的函数，一般调用格式为：

[t,y]=ode23(filename,tspan,y0)

[t,y]=ode45(filename,tspan,y0)

其中，filename 是定义 $f(t,y)$ 的函数文件名，该函数文件必须返回一个列向量. tspan 形式为 $[t_0,t_f]$，表示求解区间. y_0 是初始状态的列向量. t 和 y 分别给出时间向量和相应的状态向量.

例 4-38 求解描述振荡器的经典的 van der Pol 微分方程

$$\begin{cases} \dfrac{d^2y}{dt^2} - \mu(1-y^2)\dfrac{dy}{dt} + y = 0 \\ y\big|_{t=0} = 1, \ \dfrac{dy}{dt}\bigg|_{t=0} = 0 \end{cases}.$$

解：令 $y_1 = \dfrac{dy}{dt}$，$y_2 = y$，$\mu = 0.1$，则

$$\begin{cases} \dfrac{dy_1}{dt} = 0.1(1-y_2^2)y_1 - y_2 \\ \dfrac{dy_2}{dt} = y_1 \end{cases}.$$

基于以上状态方程建立函数文件 vdpol.m 如下：

```
function ydot = vdpol(t,y)
ydot(1) = 0.1*(1-y(2)^2)*y(1)-y(2);
ydot(2) = y(1);
ydot = ydot';
```

求解微分方程，并绘制振荡波形 (t,y) 和相轨迹 $(y, dy/dt)$：

```
t0 = 0; tf = 60;                              %确定积分区间
y0 = [1;0];                                   %确定初始条件
[t,y] = ode45('vdpol',[t0,tf],y0);            %求解微分方程
subplot(1,2,1);
plot(t,y(:,2));                               %绘制振荡波形
subplot(1,2,2);
plot(y(:,2),y(:,1));                          %绘制相轨迹
```

图 4-11 是 μ 取 0.1 时的振荡波形和相轨迹，从中可以清楚地了解起振时的波形变化. 当 μ 很小时振荡波形和正弦波形接近，相轨极限环接近圆形. 随着 μ 值的增大，振荡波形将有显著失真，相轨迹发生变形，如图 4-12 所示.

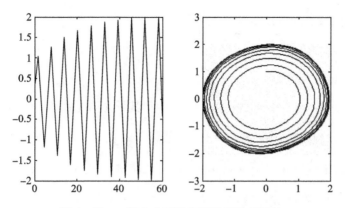

图 4-11 μ 取 0.1 时的振荡波形和相轨迹

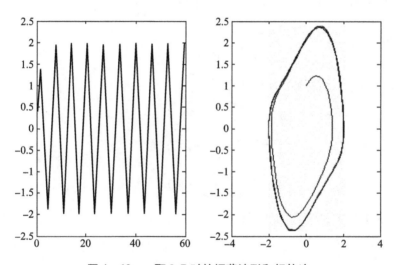

图 4-12 μ 取 0.7 时的振荡波形和相轨迹

4.6 本章小结

本章用 MATLAB 实现了高等数学课程的部分计算功能,包括函数的极限、导数、积分、级数和微分方程等内容.

4.7 习 题

1. 求 $\lim\limits_{x\to 0, y\to 0}\dfrac{x^2-y^2}{x^2+y^2}$.

2. 已知 $y = \sin e^t$, $t = e^{\sin x}$, 求 $\dfrac{dy}{dx}$.

3. 已知 $\begin{cases} x = a\cos^3 t \\ y = a\sin^3 t \end{cases}$, $0 \leqslant t \leqslant \pi$, 求 $\dfrac{d^2 y}{dx^2}$.

4. 讨论函数 $y = \dfrac{x^2}{1 + x^2}$ 的极值、单调性和其导函数的关系.

5. 求下列隐函数的导数:

(1) $\arctan \dfrac{y}{x} = \ln \sqrt{x^2 + y^2}$; (2) $x^y = y^x$.

6. 求下列函数的偏导数:

(1) $z = x^2 \sin(xy)$; (2) $u = \left(\dfrac{x}{y}\right)^z$.

7. 设 $u = x\ln(x + y)$, 求 $\dfrac{\partial^2 u}{\partial x^2}$, $\dfrac{\partial^2 u}{\partial y^2}$, $\dfrac{\partial^2 u}{\partial x \partial y}$.

8. 求下列多元隐函数的偏导数 $\dfrac{\partial z}{\partial x}$, $\dfrac{\partial z}{\partial y}$.

(1) $\cos^2 x + \cos^2 y + \cos^2 z = 1$; (2) $e^z = xyz$.

9. 证明函数 $u = \arctan \dfrac{y}{x}$ 满足拉普拉斯方程

$$\dfrac{\partial^2 u}{\partial x^2} + \dfrac{\partial^2 u}{\partial y^2} = 0.$$

10. 求下列微分方程的通解:

(1) $2x^2 yy' = y^2 + 1$;

(2) $\dfrac{dy}{dx} = \dfrac{y + x}{y - x}$;

(3) $y' = \cos \dfrac{y}{x} + \dfrac{y}{x}$;

(4) $(x\cos y + \sin 2y)y' = 1$;

(5) $y'' + 3y' - y = e^x \cos 2x$;

(6) $y'' + 4y = x + 1 + \sin x$;

(7) $\begin{cases} x^2 + 2xy - y^2 + (y^2 + 2xy - x^2)y' = 0 \\ y|_{x=1} = 1 \end{cases}$;

(8) $\begin{cases} \dfrac{d^2 x}{dt^2} + 2n\dfrac{dx}{dt} + a^2 x = 0 \\ x|_{t=0} = x_0,\ \dfrac{dx}{dt}\bigg|_{t=0} = V_0 \end{cases}$.

11. 计算下列不定积分：

(1) $\int \dfrac{x^2}{x+1}\mathrm{d}x$；

(2) $\int \dfrac{\sin 2x \mathrm{d}x}{\sqrt{1+\sin^2 x}}$；

(3) $\int \dfrac{\mathrm{d}x}{\sqrt{x^2+5}}$；

(4) $\int \dfrac{x+1}{x^2+x+1}\mathrm{d}x$；

(5) $\int x^2 \mathrm{e}^{-2x}\mathrm{d}x$；

(6) $\int \dfrac{\arcsin x}{x^2}\mathrm{d}x$.

12. 计算下列定积分：

(1) $\int_1^{\mathrm{e}} x\ln x \mathrm{d}x$；

(2) $\int_{\pi/4}^{\pi/3} \dfrac{x}{\sin^2 x}\mathrm{d}x$；

(3) $\int_1^{\mathrm{e}} \sin(\ln x)\mathrm{d}x$；

(4) $\int_{-1}^{1} \dfrac{x^3 \sin^2 x}{x^4+2x^2+1}\mathrm{d}x$.

13. 求 $\int_1^t \dfrac{1+\ln x}{(x\ln x)^2}\mathrm{d}x$，并用 diff 对结果求导.

14. 求摆线 $x=a(t-\sin t)$，$y=a(1-\cos t)$ 的一拱（$0\leqslant t\leqslant 2\pi$）与 x 轴所围成的图形的面积.

15. 计算二重积分：

(1) $\iint\limits_{x^2+y^2\leqslant 1}(x+y)\mathrm{d}x\mathrm{d}y$；

(2) $\iint\limits_{x^2+y^2\leqslant x}(x^2+y^2)\mathrm{d}x\mathrm{d}y$.

16. 计算三重积分：

(1) $\iiint\limits_{\Omega} xyz\mathrm{d}x\mathrm{d}y\mathrm{d}z$，$\Omega$：$0\leqslant z\leqslant y\leqslant x\leqslant a$；

(2) $\iiint\limits_{\Omega} x\mathrm{d}x\mathrm{d}y\mathrm{d}z$，$\Omega$：$x+y+z\leqslant a$，$x\geqslant 0$，$y\geqslant 0$，$z\geqslant 0$.

17. 计算 $\oint_L \sqrt{x^2+y^2}\mathrm{d}s$，$L$ 为圆周 $x^2+y^2=ax(a>0)$.

18. 计算 $\int_L (x^2-y^2)\mathrm{d}x+(x^2+y^2)\mathrm{d}y$，其中 L 为抛物线 $y=x^2$ 上从点 (0, 0) 到点 (2, 4) 的一段弧.

19. 给出函数 $f(x)=\mathrm{e}^x \sin x+2^x \cos x$ 在点 $x=0$ 的 7 阶泰勒展开式以及在 $x=1$ 处的 5 阶泰勒展开式.

20. 判别下列级数的敛散性，若收敛则求其和.

(1) $1+\dfrac{1}{3}+\dfrac{1}{5}+\dfrac{1}{7}+\cdots$；

(2) $\sum\limits_{n=1}^{\infty} \tan\dfrac{\pi}{2n\sqrt{n+1}}$；

(3) $\sum_{n=1}^{\infty} (-1)^n \dfrac{1}{\sqrt{n+1}}$; (4) $\sum_{n=2}^{\infty} (-1)^n \dfrac{1}{n\ln n}$.

21. 求幂级数 $\sum_{n=2}^{\infty} (-1)^n \dfrac{x^n}{\sqrt{n^2-n}}$ 的和函数.

22. 求函数项级数 $\sum_{n=1}^{\infty} (-1)^n \sin\left(\dfrac{\pi}{2^n} x^n\right)$ 的和函数.

第 5 章

概率论与数理统计实验

MATLAB 提供了专用的统计工具箱,其中包含大量的函数,可以进行基本概率和数理统计分析,以及进行比较复杂的多元统计分析. 本章主要针对大学本科的概率论与数理统计课程介绍统计工具箱的部分功能.

5.1 概率分布与随机数的生成

5.1.1 概率分布

MATLAB 统计工具箱提供了 20 种概率分布,我们介绍几种常用分布的 MATLAB 命令,见表 5-1.

表 5-1 常用的分布

分布	二项分布	泊松分布	均匀分布	指数分布	正态分布	χ^2 分布	t 分布	F 分布
命令	bino	poiss	unif	exp	norm	chi2	t	f 或 F

对每一种分布提供 5 类运算功能,见表 5-2.

表 5-2 概率分布的运算功能

功能	概率密度	分布函数	逆概率分布	均值和方差(期望和方差)	随机数生成
命令	pdf	cdf	inv	stat	rnd

当需要某一分布的某类运算功能时,将分布字符与功能字符连接起来,就得到所要的命令.

1. 概率密度函数

在 MATLAB 中,可以用通用函数 pdf 或专用函数来求离散分布在某点处的概率以及连续分布的概率密度函数值.

函数:**pdf**

格式:Y = pdf('name',x,A)
   Y = pdf('name',x,A,B)

```
Y = pdf('name',x,A,B,C)
```

说明：返回以 name 为分布，在随机变量 $X=x$ 处，参数为 A、B、C 的概率密度值. name 的取值见表 5-1.

例 5-1 某机床出次品的概率为 0.01，求生产 100 件产品中恰有 1 件次品的概率.

解： 设 100 件产品中次品数为 X，则 $X \sim B(100, 0.01)$，于是问题转化为求 $P\{X=1\}$.

在命令窗口输入：
```
p = pdf('bino',1,100,0.01)
```
运行结果为：
```
p =
    0.3697
```

关于常用的概率密度函数（专用函数）可查表 5-3.

表 5-3 常用的概率密度函数

函数名	调用形式	参数说明	注　释
binopdf	binopdf(k,n,p)	n, p 为二项分布的参数	计算在 k 处，二项分布的概率
poisspdf	poisspdf(k,λ)	λ 为泊松分布的参数	计算在 k 处，泊松分布的概率
unifpdf	unifpdf(x,a,b)	a, b 为均匀分布的分布区间端点值	计算在 x 处，均匀分布的概率密度函数值
exppdf	exppdf(x,λ)	λ 为指数分布参数	计算在 x 处，指数分布的概率密度函数值
normpdf	normpdf(x,μ,σ)	μ 为正态分布的期望；σ 为标准差	计算在 x 处，正态分布的概率密度函数值
chi2pdf	chi2pdf(x,n)	n 为 χ^2 分布参数	计算在 x 处，χ^2 分布的概率密度函数值
tpdf	tpdf(x,n)	n 为 t 分布参数	计算在 x 处，t 分布的概率密度函数值
fpdf	fpdf(x,n_1,n_2)	n_1, n_2 为 F 分布参数	计算在 x 处，F 分布的概率密度函数值

例 5-2 据统计,某城市在 63 年间的夏季(5—9 月间)共发生暴雨 180 次,试求在一个夏季中发生 k 次($k=0,1,2,\cdots,8$)暴雨的概率 P_k(设每次暴雨以 1 天计算).

解:一年夏天共有天数为 $n=31+30+31+31+30=153$,可知夏天每天发生暴雨的概率约为 $p=\dfrac{180}{63\times 153}$ 很小,$n=153$ 较大,可用泊松分布近似 $\lambda=np=\dfrac{180}{63}$.

在 MATLAB 编辑器中编写 M 文件:ex502.m

```
p = input('input p = ')
n = input('input n = ')
lambda = n * p
for k = 1:9                %循环变量的最小取值从 k = 1 开始
    p_k(k) = poisspdf(k - 1, lambda);
end
p_k
```

在 MATLAB 的命令窗口键入 ex502:

```
>>ex502
```

回车后按提示输入 p 和 n 的值,显示结果如下:

```
input p = 180/(63 * 153)
p =
    0.0187
input n = 153
n =
    153
lambda =
    2.8571
p_k =
    0.0574  0.1641  0.2344  0.2233  0.1595  0.0911
    0.0434  0.0177  0.0063
```

注意:在 MATLAB 中,p_k(0) 被认为非法,因此应避免.

例 5-3 计算标准正态分布 $N(0,1)$ 在点 0.7733 的概率密度值.

解:在命令窗口输入:

```
normpdf(0.7733,0,1)
```

运行结果为:

```
ans =
    0.2958
```

例 5-4 绘制 χ^2 分布的概率密度函数在 n 分别等于 1，5，15 时的图形.

解：在 MATLAB 编辑器中编辑 M 文件：ex504.m

```
x = 0:0.1:30;
y1 = chi2pdf(x,1);
plot(x,y1,':')
hold on
y2 = chi2pdf(x,5);
plot(x,y2,'+')
y3 = chi2pdf(x,15);
plot(x,y3,'o')
axis([0,30,0,0.2])
xlabel('卡方分布')
```

在命令窗口键入 ex504，回车后所得结果如图 5-1 所示.

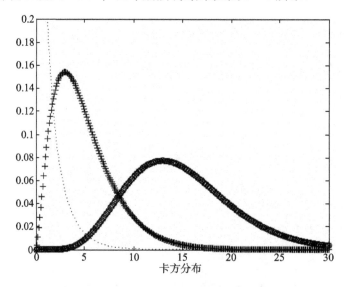

图 5-1 结果输出图

2. 分布函数

若 X 为随机变量，x 为任意实数，则函数 $F(x) = P\{X \leq x\}$ 被称为 X 的分布函数，MATLAB 中函数 cdf 可以计算随机变量的分布函数值.

函数：cdf

格式：cdf('name', x, A)

```
cdf ('name', x, A, B)
cdf ('name', x, A, B, C)
```
关于常用的分布函数可查表 5–4.

表 5–4 常用的分布函数

函数名	调用形式	注释
binocdf	binocdf(k,n,p)	计算在 k 处，二项分布的分布函数值
poisscdf	poisscdf(k,λ)	计算在 k 处，泊松分布的分布函数值
unifcdf	unifcdf(x,a,b)	计算在 x 处，均匀分布的分布函数值
expcdf	expcdf(x,λ)	计算在 x 处，指数分布的分布函数值
normcdf	normcdf(x,μ,σ)	计算在 x 处，正态分布的分布函数值
chi2cdf	chi2cdf(x,n)	计算在 x 处，χ^2 分布的分布函数值
tcdf	tcdf(x,n)	计算在 x 处，t 分布的分布函数值
fcdf	fcdf(x,n_1,n_2)	计算在 x 处，F 分布的分布函数值

例 5–5 某市公安局在长度为 t 的时间间隔内收到的呼叫次数服从参数为 $t/2$ 的泊松分布，且与时间间隔的起点无关（时间以小时计）．求某一天中午 12 时至下午 5 时至少收到 1 次呼叫的概率．

解： 设呼叫次数为 X，则该问题转化为求 $1-P\{X\leq 0\}$．

方法一：
```
>>1-poisscdf (0,2.5)   %t=5,λ=t/2=2.5
ans =
    0.9179
```
即至少收到 1 次呼叫的概率为 0.917 9.

方法二：

由于呼叫次数 $X\leq 0$ 就是呼叫 0 次，即 $X=0$．因此，此题也可用 poisspdf 求解．
```
>>1-poisspdf (0,2.5)
ans =
    0.9179
```

例 5–6 某公共汽车站从上午 7：00 起每 15 分钟来一班车．若某乘客在 7：00 到 7：30 间的任何时刻到达此站是等可能的，试求他候车的时间不到 5 分钟的概率．

解： 设乘客 7 点过 X 分钟到达此站，则 $X \sim U[0,30]$，在时间间隔

7:10—7:15 或 7:25—7:30 内到达车站时，候车时间不到 5 分钟，故所求概率为

$$p = P\{10 < X < 15\} + P\{25 < X < 30\}.$$

在命令窗口输入：
```
format rat
p1 = unifcdf(15,0,30) - unifcdf(10,0,30);
p2 = unifcdf(30,0,30) - unifcdf(25,0,30);
p = p1 + p2
```
运行结果为：

p =

  1/3

例 5-7 设 $X \sim N(3, 2^2)$，求 $P\{2 < X < 5\}$，$P\{|X| > 2\}$.

解：在命令窗口输入：
```
format short
p1 = normcdf(5,3,2) - normcdf(2,3,2)
p2 = 1 - normcdf(2,3,2) - normcdf(-2,3,2)
```
运行结果为：

p1 =

  0.5328

p2 =

  0.6853

3. 逆概率分布函数

逆概率分布函数是分布函数 $F(x)$ 的反函数，即给定概率 α，求满足 $\alpha = F(x_\alpha) = P\{X \leq x_\alpha\}$ 的 x_α，也称 x_α 为该分布的下分位点，在假设检验中经常用到.

关于常用的逆概率分布函数可查表 5-5.

表 5-5 常用的逆概率分布函数

函数名	调用形式	注释
unifinv	$x = \text{unifinv}(p,a,b)$	均匀分布的逆概率分布函数
expinv	$x = \text{expinv}(p,\lambda)$	指数分布的逆概率分布函数
norminv	$x = \text{norminv}(p,\mu,\sigma)$	正态分布的逆概率分布函数
chi2inv	$x = \text{chi2inv}(p,n)$	χ^2 分布的逆概率分布函数
tinv	$x = \text{tinv}(p,n)$	t 分布的逆概率分布函数
finv	$x = \text{finv}(p,n_1,n_2)$	F 分布的逆概率分布函数

例 5-8 公共汽车门的高度是按成年男子与车门顶碰头的机会不超过 1% 设计的. 设男子身高 X（单位：cm）服从正态分布 $N(175, 36)$，求车门的最低高度.

解：设 h 为车门高度，求满足条件 $P\{X>h\}=1-P\{X\leq h\}\leq 0.01$ 的 h.

在命令窗口输入：

```
h = norminv(0.99, 175, 36)   % 求满足条件 P{X≤h}≥
                               0.99 的 h 的最小值
```

运行结果为：

```
h =
    188.9581
```

4. 期望和方差

离散型随机变量的期望和方差可借助 sum 函数实现，连续型随机变量的期望和方差则借助 int 函数实现.

对于常见的分布可用以 "stat" 结尾的函数计算给定参数的某种分布的期望和方差，见表 5-6.

表 5-6 常见的分布的期望和方差

函数名	调用形式	注　释
binostat	$[m,v]=\text{binostat}(n,p)$	二项分布的期望与方差
poisstat	$[m,v]=\text{poisstat}(\lambda)$	泊松分布的期望与方差
unifstat	$[m,v]=\text{unifstat}(a,b)$	均匀分布的期望与方差
expstat	$[m,v]=\text{expstat}(\lambda)$	指数分布的期望与方差
normstat	$[m,v]=\text{normstat}(\mu,\sigma)$	正态分布的期望与方差
chi2stat	$[m,v]=\text{chi2stat}(n)$	χ^2 分布的期望与方差
tstat	$[m,v]=\text{tstat}(n)$	t 分布的期望与方差
fstat	$[m,v]=\text{fstat}(n_1,n_2)$	F 分布的期望与方差

例 5-9 设随机变量 X 的分布律为：

X	-2	-1	0	1	2
p	0.3	0.1	0.2	0.1	0.3

求 $E(X)$，$E(X^2-1)$，$D(X)$，$D(X^2-1)$.

解：在命令窗口输入：

```
X=[-2 -1 0 1 2];
```

```
p=[0.3  0.1  0.2  0.1  0.3];
EX=sum(X.*p)    %也可输入 EX=X*p'
Y=X.^2-1
EY=sum(Y.*p)
DX=sum(X.^2.*p)-EX.^2
DY=sum(Y.^2.*p)-EY.^2
```

运行结果为：

```
EX =
    0
Y =
    3    0   -1    0    3
EY =
    1.6000
DX =
    2.6000
DY =
    3.0400
```

例 5-10 已知随机变量 X 的概率密度 $f(x) = \begin{cases} 3x^2, & 0 < x < 1 \\ 0, & \text{其他} \end{cases}$，求 $E(X)$ 和 $D(X)$.

解：在命令窗口输入：

```
syms x;
f_x=3*x^2;
EX=int(x*f_x,0,1)
DX=int(x^2*f_x,0,1)-EX^2
```

运行结果为：

```
EX =
3/4
DX =
3/80
```

例 5-11 按规定某型号的电子元件的使用寿命超过 1 500 小时为一级品，已知一样品 20 只，一级品率为 0.2. 问此样品中一级品元件的期望和方差为多少？

解：此电子元件中一级品元件个数为 X，则 $X \sim B(20, 0.2)$，可使用

binostat 函数求解.

在命令窗口输入：

[m,v]=binostat(20,0.2)

运行结果为：

m =

    4

v =

    3.2000

结果说明一级品元件的期望为 4，方差为 3.2.

例 5 - 12 求参数为 8 的泊松分布的期望和方差.

解：在命令窗口输入：

[m,v]=poisstat(8)

运行结果为：

m =

    8

v =

    8

5.1.2 随机数的生成

在科学研究和统计分析中经常要用到随机数据. 随机数的生成通常有两类方法，一类是依赖一些专用的电子元件发出随机信号，这种方法又称为物理生成法；另一类是通过数学的算法，仿照随机数发生的规律计算出随机数，由于产生的随机数是由数学公式计算出来的，所以这类随机数又称为"伪随机数".

函数：random

格式：random('name',A1,A2,A3,m,n)　　%求指定分布的随机数

说明：name 的取值见表 5 - 1；A_1，A_2，A_3 为分布的参数；m，n 指定随机数的行和列.

常用的生成随机数的命令及格式见表 5 - 7.

表 5 - 7　常用的生成随机数的命令

函数名	调用形式	注　释
rand	rand(m,n)	生成 (0,1) 上均匀分布的 m 行 n 列随机数矩阵
randn	randn(m,n)	生成标准正态分布 N(0,1) 的 m 行 n 列随机数矩阵

续表

函数名	调用形式	注 释
unidrnd	unidrnd(N,m,n)	生成 $1,2,\cdots,N$ 的等概率 m 行 n 列随机数
unifrnd	unifrnd(a,b,m,n)	生成 $[a,b]$ 区间上连续型均匀分布的 m 行 n 列随机数矩阵
exprnd	exprnd(λ,m,n)	生成参数为 λ 的指数分布的 m 行 n 列随机数矩阵
normrnd	normrnd(μ,σ,m,n)	生成均值为 μ，标准差为 σ 的正态分布 m 行 n 列随机数矩阵

例 5-13 产生 12（3 行 4 列）个均值为 2、标准差为 0.3 的正态分布随机数.

解：在命令窗口输入：

```
y = normrnd(2,0.3,3,4)    %或输入 y = random('norm',2,0.3,3,4)
```

运行结果为：

```
y =
    2.3567    2.0524    1.8235    2.0342
    1.9887    1.9440    2.6550    2.3200
    2.0982    2.2177    1.9591    2.0178
```

例 5-14 用 MATLAB 实现掷骰子 50 次的实验.

解：在命令窗口输入：

```
unidrnd(6,1,50)
```

运行结果为：

```
ans =
Columns 1 through 12
    5    6    1    6    4    1    2    4    6    6    1    6
Columns 13 through 24
    6    3    5    1    3    6    5    6    4    1    6    6
Columns 25 through 36
    5    5    5    3    4    2    5    1    2    1    1    5
Columns 37 through 48
    5    2    6    1    3    3    5    5    2    3    3    4
Columns 49 through 50
    5    5
```

5.2 基本统计量计算

MATLAB 的概率工具箱提供了许多统计计算的程序,用于数据描述的常用命令有:

```
mean(X)         %当 X 为向量时,返回向量的均值;当 X 为矩阵时,返回
                由矩阵每一列的均值构成的行向量.下面 X 含义相同
median(X)       %当 X 为向量时,返回 X 的中位数
std(X)          %当 X 为向量时,返回 X 的标准差
var(X)          %当 X 为向量时,返回 X 的样本方差
moment(X,n)     %当 X 为向量时,返回 X 的 n 阶中心矩
range(X)        %当 X 为向量时,返回 X 的极差
skewness(X)     %当 X 为向量时,返回 X 的偏度
kurtosis(X)     %当 X 为向量时,返回 X 的峰度
cov(X,Y)        %求向量 X,Y 的样本协方差
cov(X)          %当 X 为矩阵时,返回 X 的样本协方差
```

说明:

①在 median、std、var、moment、range、skewness、kurtosis 等命令中,当 X 为矩阵时,返回结果的解释与 mean 类似,即返回 X 的每一列的相应统计计算结果.

②命令 corrcoef 用法与 cov 类似,得到的是相关系数.

例 5-15 随机抽取 6 个滚珠测得直径(单位:mm)如下:

14.70 15.21 14.90 14.91 15.32 15.32

求样本均值及样本方差.

解: 在命令窗口输入:

```
X = [14.70  15.21  14.90  14.91  15.32  15.32];
Xbar = mean(X)      %样本均值
D = var(X)          %样本方差
n = length(X);
D1 = sum((X(1,:) - Xbar).^2)/(n-1)   %按计算公式得到的样本
                                      方差
```

运行结果为:

```
Xbar =
    15.0600
```

```
D =
    0.0671
D1 =
    0.0671    %D 与 D1 输出结果相同
```
说明：若想得到样本的二阶中心矩可以输入：
```
>>moment(X,2)    %或 sum((X(1,:)-Xbar).^2)/n
```

5.3 参数估计

参数估计包括点估计和区间估计. 进行点估计常用的方法有矩估计法和极大似然估计法，借助上一节中介绍的 moment 函数可以完成矩估计，利用 MATLAB 统计工具箱中的 mle 函数可以进行极大似然估计，而且 mle 函数不仅可以返回极大似然估计值，还可以返回置信区间.

函数:`mle`   %进行极大似然估计

格式:`[phat,pci]=mle('name',x,α)`
    `[phat,pci]=mle('name',x,α,p1)`   %该形式仅用于二项分布,p1 为试验次数

说明：

①输入参数：name 为分布类型，x 是样本，α 为显著水平（缺省时默认为 0.05）；

②输出参数：phat 是指定分布的极大似然估计值，pci 为置信度为 $(1-\alpha)\times 100\%$ 的置信区间.

利用专门的参数估计函数可以估计服从不同分布的函数的参数，如用于正态分布参数估计的函数 normfit.

函数:`normfit`

格式:`[muhat,sigmahat,muci,sigmaci]=normfit(x,α)`

说明：

①输入参数：x 是正态总体 $N(\mu,\sigma^2)$ 的样本，α 为显著水平（缺省时为 0.05）；

②输出参数：muhat 和 sigmahat 分别为总体均值 μ 和标准差 σ 的点估计值，muci 和 sigmaci 分别为置信度为 $(1-\alpha)\times 100\%$ 的置信区间；

③expfit、binofit、unifit、poissfit、betafit、gamfit 的用法类似 normfit，返回的参数估计为极大似然估计（MLE）.

例 5-16   分别使用金球和铂球测定引力常数.

（1）用金球测定观察值为：6.683　6.681　6.676　6.678　6.679　6.672
（2）用铂球测定观察值为：6.661　6.661　6.667　6.667　6.664

设测定值总体为 N(μ, σ^2)，μ 和 σ 为未知. 对（1）、（2）两种情况分别求 μ 和 σ 的置信度为 0.9 的置信区间.

解： 建立 M 文件：ex516.m

```
X=[6.683  6.681  6.676  6.678  6.679  6.672];
Y=[6.661  6.661  6.667  6.667  6.664];
[mu,sigma,muci,sigmaci]=normfit(X,0.1)    %金球测定的
                                            估计
[MU,SIGMA,MUCI,SIGMACI]=normfit(Y,0.1)    %铂球测定的
                                            估计
```

在命令窗口输入 ex516 运行，结果如下：

```
mu =
     6.6782
sigma =
      0.0039
muci =
      6.6750
      6.6813
sigmaci =
      0.0026
      0.0081
MU =
     6.6640
SIGMA =
      0.0030
MUCI =
      6.6611
      6.6669
SIGMACI =
      0.0019
      0.0071
```

由上可知，金球测定的 μ 的估计值为 6.678 2，置信区间为 [6.675 0, 6.681 3]；σ 的估计值为 0.003 9，置信区间为 [0.002 6, 0.008 1].

铂球测定的 μ 的估计值为 6.664 0，置信区间为 [6.661 1, 6.666 9]；σ 的估计值为 0.003 0，置信区间为 [0.001 9, 0.007 1].

例 5 – 17 随机产生 100 个 β 分布数据，相应的分布参数真值为 4 和 3. 求 4 和 3 的极大似然估计值和置信度为 99% 的置信区间.（β 分布名称：beta）

解： 在命令窗口输入：

```
X = betarnd(4,3,100,1);   %随机产生100个β分布数据,参数
                            为4和3
reshape(X,20,5)
%X数据只有一列,使用矩阵重置命令改为5列数据(节约版面)
[phat,pci] = betafit(X,0.01)
```

运行结果为：

```
ans =
    0.6950    0.8953    0.6700    0.2974    0.4441
    0.1429    0.9471    0.4895    0.8154    0.5906
    0.6075    0.5854    0.7284    0.4741    0.6990
    0.4925    0.2526    0.7073    0.6412    0.2919
    0.6101    0.1914    0.5747    0.8062    0.6217
    0.9723    0.5999    0.3488    0.7643    0.8151
    0.2287    0.7153    0.7065    0.6465    0.5208
    0.4128    0.6737    0.5571    0.2901    0.5917
    0.5463    0.5480    0.5490    0.3937    0.6507
    0.9000    0.4453    0.7834    0.4616    0.5969
    0.7626    0.7274    0.5029    0.6533    0.7598
    0.6607    0.8122    0.6059    0.3968    0.5751
    0.5293    0.6305    0.8110    0.6481    0.6829
    0.7345    0.3484    0.7861    0.7016    0.5044
    0.5543    0.8834    0.3685    0.3526    0.5936
    0.7282    0.6262    0.3991    0.8224    0.7737
    0.3860    0.4037    0.7279    0.5937    0.6142
    0.7894    0.5952    0.4458    0.6170    0.8051
    0.3844    0.8917    0.4760    0.3983    0.4789
    0.7832    0.4809    0.5239    0.3974    0.5136
phat =
    3.8775    2.6550
```

```
pci =
    2.5545    1.8326
    5.2005    3.4775
```

因此,数据 3.877 5 和 2.655 0 为参数 4 和 3 的估计值;pci 的第 1 列为参数 4 的置信区间,第 2 列为参数 3 的置信区间. 随机产生的数据不同,其估计值和置信区间就不一样.

例 5-18 设某种油漆的 9 个样品,其干燥时间(单位:小时)分别为

  6.0 5.7 5.8 6.5 7.0 6.3 5.6 6.1 5.0

设干燥时间总体服从正态分布 $N(\mu,\sigma^2)$,求 μ 和 σ 的置信度为 0.95 的置信区间(σ 未知).

解:在命令窗口输入:

```
X = [6.0  5.7  5.8  6.5  7.0  6.3  5.6  6.1  5.0];
[muhat,sigmahat,muci,sigmaci] = normfit(X,0.05)
```

运行结果为:

```
muhat =
    6                       %μ的极大似然估计值

sigmahat =
    0.5745                  %σ的极大似然估计值

muci =
    5.5584
    6.4416                  %μ的置信区间

sigmaci =
    0.3880
    1.1005                  %σ的置信区间
```

因此,μ 的极大似然估计值为 6,置信区间为 [5.558 4, 6.441 6];σ 的极大似然估计值为 0.574 5,置信区间为 [0.388 0, 1.100 5].

5.4 假设检验

5.4.1 单个正态总体均值的假设检验

1. σ^2 已知,μ 的检验(U 检验法)

函数:ztest

格式:h = ztest(x,μ_0,σ,α)   %最简形式

   [h,sig,ci,zval] = ztest(x,μ_0,σ,α,tail) %完整形式

说明:

①输入参数: x 为样本(n 维向量), μ_0 为均值 (原假设 H_0: $\mu=\mu_0$), σ 为总体标准差, α 为显著性水平(默认值为 0.05), tail 是双侧假设检验和两个单侧假设检验的标识, tail 取值如下:

tail = 0, 表示备择假设 H_1: $\mu \neq \mu_0$ (默认, 双边检验);

tail = 1, 表示备择假设 H_1: $\mu > \mu_0$ (右边检验);

tail = -1, 表示备择假设 H_1: $\mu < \mu_0$ (左边检验).

②输出参数: h 为检验结果, $h=0$ 表示接受原假设, $h=1$ 表示拒绝原假设; sig 为观察值的概率, 当 sig 为小概率时则对原假设提出质疑; ci 为真正均值的 $1-\alpha$ 置信区间; zval 为检验统计量的值.

例 5–19 某车间用一台包装机包装葡萄糖,包得的袋装糖重是一个随机变量,它服从正态分布. 当机器正常时,其均值为 0.5 公斤(1 公斤 = 1000 克), 标准差为 0.015. 某日开工后检验包装机是否正常, 随机地抽取所包装的糖 9 袋, 称得净重(单位: kg) 为:

0.497 0.506 0.518 0.524 0.498 0.511 0.52 0.515 0.512

问机器是否正常(显著水平 $\alpha=0.05$)?

解: 该问题是当 σ^2 为已知时, 在显著水平 $\alpha=0.05$ 下, 根据样本值判断 $\mu=0.5$ 还是 $\mu \neq 0.5$. 为此提出假设:

原假设: H_0: $\mu=\mu_0=0.5$

备择假设: H_1: $\mu \neq \mu_0$

在命令窗口输入:

```
X=[0.497  0.506  0.518  0.524  0.498  0.511  0.52
   0.515  0.512];
[h,sig,ci,zval]=ztest(X,0.5,0.015,0.05,0)
```

运行结果为:

```
h =
    1
sig =
    0.0248              %样本观察值的概率
ci =
    0.5014    0.5210    %置信区间,均值0.5在此区间之外
zval =
    2.2444              %统计量的值
```

结果表明: $h=1$ 表示在显著水平 $\alpha=0.05$ 下可拒绝原假设, 即认为包装

机工作不正常.

2. σ^2 未知，均值 μ 的检验（t 检验法）

函数：ttest

格式：h = ttest(x, μ_0, α)

[h, sig, ci] = ttest(x, μ_0, α, tail)

说明：输入、输出参数的意义可参照函数 ztest.

例 5-20 某种电子元件的寿命 X（单位：小时）服从正态分布，μ、σ^2 均未知. 现测得 16 只元件的寿命如下：

159　280　101　212　224　379　179　264　222　362　168　250
149　260　485　170

问是否有理由认为元件的平均寿命大于 225 小时（$\alpha = 0.05$）？

解：σ^2 未知，在 $\alpha = 0.05$ 下检验假设：$H_0: \mu \leq \mu_0 = 225$，$H_1: \mu > \mu_0 = 225$.

在命令窗口输入：

```
X = [159   280   101   212   224   379   179   264   222   362
     168   250   149   260   485   170];
[h, sig, ci] = ttest(X, 225, 0.05, 1)
```

运行结果为：

```
h =
    0
sig =
    0.2570
ci =
    198.2321        Inf        %均值225在该置信区间内
```

结果表明：$h = 0$ 表示在显著水平 $\alpha = 0.05$ 下应该接受原假设 H_0，即认为元件的平均寿命不大于 225 小时.

5.4.2 两个正态总体均值差的检验

函数：ttest2

格式：h = ttest2(x, y)　　　　%x, y 的样本容量可以不同

[h, sig, ci] = ttest2(x, y, α, tail)

说明：输入、输出参数的意义可参照函数 ztest.

例 5-21 在平炉上进行一项试验以确定改变操作方法的建议是否会增加钢的产率，试验是在同一只平炉上进行的. 每炼一炉钢时除操作方法外，其他条件都尽可能做到相同. 先用标准方法炼一炉，然后用建议的新方法炼一炉，以后交替进行，各炼 10 炉，其产率分别为

标准方法：78.1 72.4 76.2 74.3 77.4 78.4 76.0 75.5 76.7 77.3
新 方法：79.1 81.0 77.3 79.1 80.0 79.1 79.1 77.3 80.2 82.1

设这两个样本相互独立，且分别来自正态总体 $N(\mu_1, \sigma^2)$ 和 $N(\mu_2, \sigma^2)$，μ_1、μ_2、σ^2 均未知．问建议的新操作方法能否提高产率（$\alpha = 0.05$）？

解：两个总体方差不变时，在显著水平 $\alpha = 0.05$ 下检验假设：$H_0: \mu_1 = \mu_2$，$H_1: \mu_1 < \mu_2$．

```
>>X=[78.1  72.4  76.2  74.3  77.4  78.4  76.0
     75.5  76.7  77.3];
>>Y=[79.1  81.0  77.3  79.1  80.0  79.1  79.1
     77.3  80.2  82.1];
>>[h,sig,ci]=ttest2(X,Y,0.05,-1)
```

运行结果为

```
h =
    1
sig =
  2.1759e-004      %说明两个总体均值相等的概率很小
ci =
      -Inf   -1.9083
```

结果表明：$h=1$ 表示在水平 $\alpha = 0.05$ 下，应该拒绝原假设，即认为建议的新操作方法提高了产率，比原方法好．

5.4.3 中值检验

在假设检验中还有一种在实际中被广泛应用到的检验方法为中值检验，MATLAB 中提供了这种检验的函数，函数的使用方法简单，此处只给出函数介绍．

函数：**signrank**   %两个总体中位数相等的假设检验——符号秩检验

格式：P = signrank (X, Y, α)

　　　　[p, h] = signrank (X, Y, α)

说明：

①输入参数：X、Y 是两个总体的样本，长度必须相同；α 为显著水平．

②输出参数：

　　　　P 为两个样本 X 和 Y 的中位数相等的概率．如果 P 接近于 0，可对原假设质疑．

h 为检验结果: $h=0$ 表示 X 与 Y 的中位数相差不显著; $h=1$ 表示相差显著.

函数: signtest　　%两个总体中位数相等的假设检验——符号检验
格式: P = signtest (X, Y, α)
　　　[p, h] = signtest (X, Y, α)
说明: 与 signrank 函数相同.

5.5　方差分析

在科学试验和生产实践中,影响一事物的因素往往是很多的. 例如在化工生产中,有原料成分、原料剂量、催化剂、反应温度、压力、溶液浓度、反应时间、机器设备及操作人员的水平等因素. 每一因素的改变都有可能影响产品的数量和质量,有些因素影响较大,有些较小. 为了使生产过程得以稳定、保证优质、高产地进行,就有必要找出对产品质量有显著影响的那些因素,为此需进行试验. 方差分析就是根据试验的结果进行分析,鉴别各个有关因素对试验结果影响的有效方法.

在试验中,将要考察的指标称为试验指标,影响试验指标的条件称为因素. 因素可分为两类:一类是人们可以控制的(可控因素);一类是人们不能控制的. 例如反应温度、原料剂量、溶液浓度等是可以控制的,而测量误差、气象条件等一般是难以控制的. 以下所说的因素都是指可控因素. 因素所处的状态,称为该因素的水平.

5.5.1　单因素方差分析

一项试验如果只有一个因素在改变称为单因素试验,如果多于一个因素在改变则称为多因素试验. 单因素方差分析的基本问题是比较和估计多个等方差正态总体的均值.

在 MATLAB 中,单因素方差分析由函数 anova1 实现.
ANOVA Table 是一个 4×6 的表:
Source 指方差来源; SS 指平方和; df 指自由度; MS 指均方值; F 指统计量;
Prob > F 指 P 的值; Columns 指因素; Error 指误差; Total 指总和.
函数: anova1　　%比较两组或多组数据的均值,返回均值相等的概率值
格式: P = anova1(X)
　　　P = anova1(X, group)

说明：

① anova1(X) 是对样本 X 中的两列或多列数据进行均衡（即各组数据个数相等）的单因素方差分析，比较各列的均值．其返回值 P 表示 X 中各列的均值相等的概率值，如果该值接近于 0（即 $P<\alpha$），则各列均值不相等显著．anova1(X) 除了给出 P 外，还输出一个方差表和一个箱形图，箱形图反映了各组数据的特征．X 是数据矩阵，其各列为各样本值．

② anova1(X, group) 是处理非均衡数据（即各组数据个数不相等），X 为数组（向量），从第 1 组到第 r 组数据依次排列；group 为与 X 同长度的数组（向量），标志 X 中数据的组别（在与 X 第 i 组数据相应的位置处输入整数 i（$i=1,2,\cdots,r$））．

例 5 – 22 设有 3 台机器，用来生产规格相同的铝合金薄板．取样，测量薄板的厚度，精确至‰厘米．得结果如下：

机器 1：0.236 0.238 0.248 0.245 0.243
机器 2：0.257 0.253 0.255 0.254 0.261
机器 3：0.258 0.264 0.259 0.267 0.262

检验各台机器所生产的薄板的厚度有无显著的差异？

解：此问题为单因素试验检验问题．在命令窗口输入：

```
X = [0.236  0.238  0.248  0.245  0.243;
     0.257  0.253  0.255  0.254  0.261;
     0.258  0.264  0.259  0.267  0.262];
P = anova1(X')        %数据矩阵需按列输入样本值,故此处有转置
```

运行结果（见图 5 – 2）为：

P = 1.3431e-005

Source	SS	df	MS	F	Prob>F
Columns	0.00105	2	0.00053	32.92	1.34305e-005
Error	0.00019	12	0.00002		
Total	0.00125	14			

图 5 – 2 anova1 函数的数据结构结果图形

由于 P 的值接近于 0，故拒绝原假设，认为各台机器生产的薄板厚度有显著的差异．

例 5 – 23 用 4 种工艺生产灯泡，从各种工艺制成的灯泡中抽取了若干个测量其寿命（单位：小时），结果如表 5 – 8 所示．

表 5-8 4 种工艺灯泡的使用寿命

序号 工艺	1	2	3	4	5
A_1	1 620	1 670	1 700	1 750	1 800
A_2	1 580	1 600	1 640	1 720	
A_3	1 460	1 540	1 620		
A_4	1 500	1 550	1 610	1 680	

试推断这几种工艺制成的灯泡寿命是否有显著差异？

解：因素 A 的不同水平下试验数据个数（样本容量）不同，故用函数 anova1(X, group)。为方便计算，将表中数据减去 1 500，再除以 10 后输入：

```
>>X =[12  17  20  25  30  8  10  14  22  -4  4  12
     0  5  11  18];
>>g =[1  1  1  1  1  2  2  2  2  3  3  3  4  4  4  4];
>>anova1(X,g)
```

运行结果（见图 5-3）为：

```
ans =
   0.0331
```

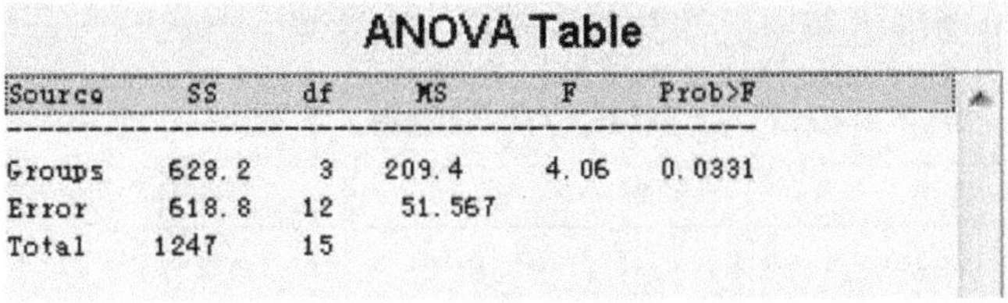

```
                 ANOVA Table
Source    SS      df    MS       F      Prob>F
Groups   628.2    3    209.4    4.06   0.0331
Error    618.8   12     51.567
Total   1247     15
```

图 5-3 anova1 函数的数据结构结果图形

因为 $0.01 < P = 0.033\ 1 < 0.05$，所以几种工艺制成的灯泡寿命有显著差异。

5.5.2 双因素方差分析

在 MATLAB 中，双因素方差分析用函数 anova2 实现。

函数：**anova2**

格式：p = anova2(X, reps)

说明：anova2(X, reps) 是进行平衡的双因素试验的方差分析，用来比较样本 X 中多行或多列数据的均值，不同列中的数据表示单因素的变化情况，不同行中的数据表示另一因素的变化情况，如果每个行列对（"单元"）有多于一个的观测值，则变量 reps 指出每一个"单元"观测值的数目，每一单元包含 reps 行。

例 5-24 为了考察 4 种不同燃料与 3 种不同型号的推进器对火箭射程（单位：海里）的影响，做了 12 次实验，所得数据如表 5-9 所示：

表 5-9 12 次实验的数据

	推进器 1	推进器 2	推进器 3
燃料 1	58.2	56.2	65.3
燃料 2	49.1	54.1	51.6
燃料 3	60.1	70.9	39.2
燃料 4	75.8	58.2	48.7

要求分析燃料和推进器的不同是否对火箭的射程有显著影响（原假设为没有影响）？

解：在命令窗口输入：

```
disp1 =[58.2  56.2  65.3;49.1  54.1  51.6;60.1
        70.9  39.2;75.8  58.2  48.7]';
p = anova2(disp1,1)
```

运行结果（见图 5-4）为：

```
p =
0.7387    0.4491
```

由于燃料和推进器对应的 P 值均大于 0.05，所以可以接受原假设 H_{01} 和 H_{02}，认为燃料和推进器对火箭的射程没有显著影响。

```
ANOVA Table
Source     SS        df    MS        F      Prob>F
Columns    157.59    3     52.53     0.43   0.7387
Rows       223.85    2     111.923   0.92   0.4491
Error      731.98    6     121.997
Total      1113.42   11
```

图 5-4 双因素方差分析表

例 5-25 设火箭的射程在其他条件基本相同时与燃料种类和推进器型号有关。现在考虑 4 种不同的燃料及 3 种不同型号的推进器，对于每种搭配各发射了火箭两次，所得数据如表 5-10 所示：

表 5-10 例 5-25 的数据

	推进器 1	推进器 2	推进器 3
燃料 1	58.2	56.2	65.3
	52.6	41.2	60.8

续表

	推进器 1	推进器 2	推进器 3
燃料 2	49.1	54.1	51.6
	42.8	50.5	48.4
燃料 3	60.1	70.9	39.2
	58.3	73.2	40.7
燃料 4	75.8	58.2	48.7
	71.5	51.0	41.4

试检验各自变量和自变量的交互效应是否对火箭的射程有显著影响（原假设为没有影响）？

解：在命令窗口输入：

```
disp2 =[58.2  52.6  49.1  42.8  60.1  58.3  75.8  71.5;
        56.2  41.2  54.1  50.5  70.9  73.2  58.2  51.0;
        65.3  60.8  51.6  48.4  39.2  40.7  48.7  41.4]';
p = anova2(disp2,2)
```

运行结果（见图 5-5）为：

```
p =
    0.0035    0.0260    0.0001
```

ANOVA Table

Source	SS	df	MS	F	Prob>F
Columns	370.98	2	185.49	9.39	0.0035
Rows	261.68	3	87.225	4.42	0.026
Interaction	1768.69	6	294.782	14.93	0.0001
Error	236.95	12	19.746		
Total	2638.3	23			

图 5-5 方差分析表

由结果可知，燃料、推进器、交互效应对应的 P 值分别为 0.003 5，0.026 0 和 0.000 1，均小于 0.05，故可拒绝 3 个原假设，即认为燃料、推进器和二者的交互效应对于火箭的射程都有显著影响。

5.6 回归分析

在客观世界中普遍存在着变量之间的关系．变量之间的关系一般来说可分为确定性的与非确定性的两种：确定性关系是指变量之间的关系可以用函数关系来表达；另一种非确定性关系即所谓相关关系．例如人的身高与体重之间存在着关系，一般来说，人高一些，体重要重一些，但同样身高的人的体重往往不相同；人的血压与年龄之间也存在着关系，但同年龄的人的血压往往也不相同；气象中的温度与湿度之间的关系也是这样．这是因为涉及的变量（如体重、血压、湿度）是随机变量．上面所说的变量关系是非确定性的．

回归分析是研究相关关系的一种数学方法，是用统计数据寻求变量间关系的近似表达式即经验公式，它能帮助从一个变量取得的值去估计另一变量所取的值．

在 MATLAB 中，统计回归问题主要由函数 regress、polyfit、nlinfit 等实现．这里简单介绍一下 polyfit 函数的用法．

函数：polyfit

格式：[p, s] = polyfit(X, Y, n)

说明：p 为拟合 n 次多项式系数向量；s 为拟合多项式系数向量的结构信息，返回用函数 ployval( ) 获得的误差分析报告．

例 5-26 为了研究某一化学反应过程中，温度 x 对产品得率 y 的影响，测得数据如下：

温度 x：100　110　120　130　140　150　160　170　180　190

得率 y：45　51　54　61　66　70　74　78　85　89

试作 $y = ax + b$ 型的回归．

解：在命令窗口输入：

```
x = [100   110   120   130   140   150   160   170   180
     190];
y = [45  51  54  61  66  70  74  78  85  89];
[p,s] = polyfit(x,y,1)       %回归方程为 y = ax + b,输出向量
                              p = (a,b)
```

运行结果为：

```
p =
    0.4830   -2.7394
s =
    R: [2x2 double]
    df: 8
    normr: 2.6878
```

结果说明回归直线为 $y = 0.4830x - 2.7394$．

拟合曲线如图 5-6 所示．

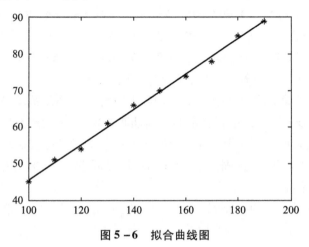

图 5-6 拟合曲线图

```
>>xi=100:10:190;
>>yi=polyval(p,xi);    %确定回归曲线上的点(xi,yi)
>>plot(x,y,'*',xi,yi)
```

5.7 本章小结

本章结合 MATLAB 工具箱介绍了概率论与数理统计方面的 MATLAB 实现，相关内容包括概率论、样本描述、参数估计、假设检验和方差分析等．

5.8 习　　题

1. 设 $X \sim e(2)$，求：(1) 画出 X 的概率密度图形；(2) $P\{1<X<3\}$；(3) $E(X)$ 和 $D(X)$．

2. 保险公司售出某种寿险保单 2 500 份．已知此项寿险每单需交保费 120 元，当被保人一年内死亡时，其家属可以从保险公司获得 2 万元的赔偿（即保额为 2 万元）．若此类被保人一年内死亡的概率为 0.002，试求：
(1) 保险公司的此项寿险亏损的概率；
(2) 保险公司从此项寿险获利不少于 10 万元的概率；
(3) 获利不少于 20 万元的概率．

3. 某厂生产一种设备，其平均寿命为 10 年，标准差为 2 年．如该设备的寿命服从正态分布，求寿命不低于 9 年的设备占整批设备的比例？

4. 某校 60 名学生的一次数学考试成绩如下：

```
93  75  83  93  91  85  84  82  77  76  77  95  94  89  91  88
86  83  96  81  79  97  78  75  67  69  68  84  83  81  75  66
85  70  94  84  83  82  80  78  74  73  76  70  86  76  90  89
71  66  86  73  80  94  79  78  77  63  53  55
```

计算均值、标准差、极差、偏度、峰度,画出直方图.

5. 自今天生产的奶粉罐随机取样 36 罐奶粉,其样品平均值为 485 g,若总体标准差为 $\sigma=30$ g,是否有足够证据证明奶粉罐平均质量不足 500 g?

6. 正常成人血中平均胆固醇为 180 mg/dL,标准差为 50 mg/dL. 今调查某地区 16 位成人平均胆固醇为 200 mg/dL,问此地区平均胆固醇是否与 180 mg/dL 有差异?

7. 为比较甲、乙两种安眠药的疗效,将 20 名患者分成两组,每组 10 人,如服药后延长的睡眠时间分别服从正态分布,其数据为(单位:小时):

甲: 5.5 4.6 4.4 3.4 1.9 1.6 1.1 0.8 0.1 -0.1
乙: 3.7 3.4 2.0 2.0 0.8 0.7 0   -0.1 -0.2 -1.6

问在显著水平 $\alpha=0.05$ 下两种药的疗效有无显著差别?

8. 某大型连锁超市为研究各种促销方式的效果,选择下属 4 个门店,分别采用不同促销方式,对包装食品各进行了 4 个月的试验.

试验结果如下:

促销方式	与上年同期相比/%			
A_1(广告宣传)	104.8	95.5	104.2	103
A_2(有奖销售)	112.3	107.1	109.2	99.2
A_3(特价销售)	143.2	150.3	184.7	154.5
A_4(买一送一)	145.6	111	139.8	122.7

超市管理部门希望了解:

(1) 不同促销方式对销售量是否有显著影响?

(2) 哪种促销方式的效果最好?

9. 影响某化工厂化工产品得率的主要因素是反应温度和使用的催化剂种类. 为研究产品的最优生产工艺条件,在其他条件不变的情况下,选择了四种温度和三种催化剂,在不同温度和催化剂的组合下各做了两次试验,测得结果如下:

温度 \ 催化剂	B_1	B_2	B_3
A_1(60 ℃)	66, 58	73, 68	70, 65
A_2(70 ℃)	81, 79	96, 97	53, 55
A_3(80 ℃)	97, 95	79, 69	66, 56
A_4(90 ℃)	79, 71	76, 56	88, 82

温度和催化剂的不同组合是否对产品得率有显著影响?

10. 已知某种商品的价格与日销售量的数据如下:

价格/元	1	2	2.1	2.3	2.5	2.6	2.8	3	3.3	3.5
销量/斤①	5	3.5	3	2.7	2.4	2.5	2.0	1.5	1.2	1.2

① 1 斤 = 500 克.

试求线性回归方程.

11. 混凝土的抗压强度随养护时间的延长而增加,现将一批混凝土做成 12 个试块,记录了养护时间 x 及抗压强度 y,其数据如下:

养护时间 x/d	2	3	4	5	7	9	12	14	17	21	28	56
抗压强度 y/(kg·cm^{-2})	35	42	47	53	59	65	68	73	76	82	86	99

试求 $\hat{y} = a + b\ln x$ 型回归方程.

第 6 章

MATLAB 应用实例

本章主要介绍了数学建模中灰色预测和规划模型两种方法的 MATLAB 实现，给出了一些应用实例．

6.1 灰色预测的 MATLAB 实现

灰色预测是就灰色系统所做的预测．所谓灰色系统是介于白色系统和黑色系统之间的过渡系统，其具体的含义是：如果某一系统的全部信息已知则为白色系统，全部信息未知则为黑色系统，部分信息已知、部分信息未知，那么这一系统就是灰色系统．一般地说，社会系统、经济系统、生态系统都是灰色系统．例如物价系统，导致物价上涨的因素很多，但已知的却不多，因此对物价这一灰色系统的预测可以用灰色预测方法．

灰色系统理论认为对既含有已知信息又含有未知或非确定信息的系统进行预测，就是对在一定范围内变化的、与时间有关的灰色过程的预测．尽管过程中所显示的现象是随机的、杂乱无章的，但毕竟是有序的、有界的，因此这一数据集合具备潜在的规律，灰色预测就是利用这种规律建立灰色模型对灰色系统进行预测．

目前使用最广泛的灰色预测模型就是关于数列预测的一个变量、一阶微分的 GM(1, 1) 模型．它是基于随机的原始时间序列，经按时间累加后所形成的新的时间序列呈现的规律可用一阶线性微分方程的解来逼近．经证明，经一阶线性微分方程的解逼近所揭示的原始时间序列呈指数变化规律，因此，当原始时间序列隐含着指数变化规律时，灰色模型 GM(1, 1) 的预测是非常成功的．

6.1.1 灰色预测的 MATLAB 程序

GM 表示灰色理论的灰微分方程模型．GM(1, 1) 即为一阶一个变量的灰微分方程模型．GM(1, 1) 预测模型是最常用的一种灰色动态预测模型，其建模原理是：

设有一组原始序列：$x^{(0)} = (x^{(0)}(1), x^{(0)}(2), \cdots, x^{(0)}(n))$，$n$ 为数据

个数.

对于原始序列进行一阶累加生成,即 1 – AGO,以弱化原始序列的随机性和波动性,得:
$$x^{(1)} = (x^{(1)}(1), x^{(1)}(2), \cdots, x^{(1)}(n))$$
其中,$x^{(1)}(k) = \sum_{i=1}^{k} x^{(0)}(i), k = 1, 2, \cdots, n.$

MATLAB 实现:

```
%作 1 - AGO 生成序列 x(1)
for i = 1:n
x1(i) = sum(x0(1:i));   %x0 为原始序列
end
```

建立 GM(1, 1) 模型:
$$\frac{dx^{(1)}}{dt} + ax^{(1)} = u$$

式中,参数 a、u 为待定系数,分别称为发展系数和灰色作用量,a 的有效区间是 $(-2, 2)$,并记 a、u 构成的矩阵为 $\hat{\boldsymbol{a}} = \begin{bmatrix} a \\ u \end{bmatrix}$,只要求出参数 a、u,就能求出 $x^{(1)}(k)$,进而求出 $x^{(0)}$ 的未来预测值.

对累加生成数据做均值生成 $\boldsymbol{B}$ 与常数向量 $\boldsymbol{Y}_n$,即

$$\boldsymbol{B} = \begin{bmatrix} -0.5(x^{(1)}(1) + x^{(1)}(2)) & 1 \\ -0.5(x^{(1)}(2) + x^{(1)}(3)) & 1 \\ \vdots & 1 \\ -0.5(x^{(1)}(n-1) + x^{(1)}(n)) & 1 \end{bmatrix}, \boldsymbol{Y}_n = \begin{bmatrix} x^{(0)}(2) \\ x^{(0)}(3) \\ \vdots \\ x^{(0)}(n) \end{bmatrix}$$

用最小二乘法可得到 $\hat{\boldsymbol{a}} = \begin{bmatrix} a \\ u \end{bmatrix} = (\boldsymbol{B}'\boldsymbol{B})^{-1}\boldsymbol{B}'\boldsymbol{Y}_n.$

MATLAB 实现:

```
%产生数据矩阵 B,计算 a 和 u
for i = 1:(n-1)
b(i) = -0.5 * (x1(i+1) + x1(i));
y(i) = x0(i+1);
end
B = [b;ones(1,n-1)];
y = y';
ahat = inv(B * B') * B * y;
```

```
a = ahat(1)    %求发展系数
u = ahat(2)    %求灰色作用量
```

从而得到微分方程的解：

$$\hat{x}^{(1)}(k+1) = \left(x^{(0)}(1) - \frac{u}{a}\right)e^{-ak} + \frac{u}{a}, \ k = 0, 1, \cdots$$

由于 $\hat{a}$ 是通过最小二乘法求出的近似值，所以上式是一个近似表达式.

MATLAB 实现：

```
%计算 GM(1,1) 模型 x̂⁽¹⁾(k) 值
xhat1(1) = x0(1);
for k = 2:(n+10)
c = x0(1) - u/a;
xhat1(k) = c*exp(-a*(k+1)) + u/a;
end
```

通过累减还原得到 $x^{(0)}$ 的预测模型为

$$\hat{x}^{(0)}(k) = \hat{x}^{(1)}(k) - \hat{x}^{(1)}(k-1), \ k = 2, 3, \cdots$$

MATLAB 实现：

```
%计算 x̂⁽⁰⁾(k) 值,显示预测结果(作累减生成 IAGO)
xhat0(1) = x0(1);
for k = 2:(n+10)
xhat0(k) = xhat1(k) - xhat1(k-1);
end
```

6.1.2　GM(1，1) 模型的精度检验

为确保所建灰色模型有较高的精度能应用于预测实际，按灰色理论一般采用三种方法检验判断 GM(1，1) 模型的精度，分别是：误差大小检验；关联度检验和后验差检验. 通常关联度要大于 0.6，误差 $e^{(0)}(k)$、方差 C 越小，模型精度 p 越高越好. 下面对后验差检验做简单介绍.

首先给出以下计算公式：

绝对误差序列：$e = (e(1), e(2), \cdots, e(n))$，其中 $e(k) = x^{(0)}(k) - \hat{x}^{(0)}(k)$，$k = 1, 2, \cdots, n$.

相对误差序列：$q = (q(1), q(2), \cdots, q(n))$，其中 $q(k) = \frac{e^{(0)}(k)}{x^{(0)}(k)} \times 100\%$，$k = 1, 2, \cdots, n$.

预测误差均值：$\bar{e} = \frac{1}{n}\sum_{i=1}^{n} e(i)$

原始数据均值：$\bar{x}^{(0)} = \dfrac{1}{n}\sum_{i=1}^{n} x^{(0)}(i)$

原始数据标准差：$S_1 = \sqrt{\dfrac{1}{n-1}\sum_{i=1}^{n}(x^{(0)}(i) - \bar{x}^{(0)})^2}$

预测误差标准差：$S_2 = \sqrt{\dfrac{1}{n-1}\sum_{i=1}^{n}(e(i) - \bar{e})^2}$

方差比：$C = \dfrac{S_2}{S_1}$

小误差概率：$p = P\{|e(k) - \bar{e}| < 0.6745 S_1\}$

MATLAB 实现：

```
for i = 1:n
  e(i) = x0(i) - xhat0(i);
end
ebar = mean(e);
xbar0 = mean(x0);
S1 = std(x0);
S2 = std(e);
C = S2/S1    %均方差比值
index = abs(e - ebar) < 0.6745 * S1;
p = sum(index)/length(index)    %小误差概率
```

指标 C 和 p 是后验差检验的两个重要指标．指标 C 越小则 S_1 越大，S_2 越小．S_1 越大说明原始数据离散程度越大，S_2 越小说明误差程度越小．C 小就表明尽管原始数据很离散，而模型所得计算值与实际值之差不太离散．指标 p 越大，表明误差与误差平均值之差小于给定值 0.674 5 的点越多，即拟合值（或预测值）分布比较均匀．按 C 和 p 两个指标，可以综合评定预测模型的精度．模型的精度由后验差和小误差概率共同刻画．一般地，将模型精度分为四级，见表 6-1．

表 6-1 模型精度检验等级参照表

模型精度等级	均方差比值 C	小误差概率 p
1 级（好）	$C \leqslant 0.35$	$p \geqslant 0.95$
2 级（合格）	$0.35 < C \leqslant 0.5$	$0.80 \leqslant p < 0.95$
3 级（勉强）	$0.5 < C \leqslant 0.65$	$0.70 \leqslant p < 0.80$
4 级（不合格）	$0.65 < C$	$p < 0.70$

于是，模型的精度级别 = max{p 的级别，C 的级别}.

6.1.3 灰色预测应用案例

在数学建模中经常会遇到数据的预测问题，有些题目中，数据的预测占主导地位，如表 6-2 所示.

表 6-2 历年 CUMCM 数据预测题目

年度	类别	题 目
2003 年	A 题	SARS 的传播问题
2005 年	A 题	长江水质的评价和预测问题
2006 年	B 题	艾滋病疗法的评价及治疗的预测问题
2007 年	A 题	中国人口增长预测问题

下面我们就 2005 年 A 题长江水质的预测问题进行分析.

水质问题是复杂的非线性系统，由于样本较少，需要预测的时间长，其他预测方法效果不好，考虑到污水排放量的变化规律是一个不确定的系统，且本题给出的数据较少，而且还要做长达 10 年的预测，因此采用灰色预测方法来预测未来的污水排放量. 10 年预计长江排放的污水量如图 6-1 所示。

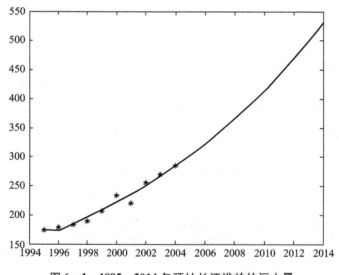

图 6-1 1995—2014 年预计长江排放的污水量

对原题附件 4 中的数据进行整理可以得到 10 年的长江污水排放数据，如表 6-3 所示.

表6-3 1995—2004年长江污水排放量

年份	1995	1996	1997	1998	1999	2000	2001	2002	2003	2004
污水/亿吨	174	179	183	189	207	234	220.5	256	270	285

在命令窗口输入:

```
x0 =[174  179  183  189  207  234  220.5  256  270
     285];   %原始数据
n = length(x0);
for i =1:n
  x1(i) = sum(x0(1:i));   %原始数据累加
end
for i =1:(n -1)
  b(i) = -0.5 * (x1(i +1) +x1(i));
  y(i) =x0(i +1);
end
%计算待定参数 a 和 u
B =[b;ones(1,n -1)];
y = y';
ahat = inv(B * B') * B * y;
a = ahat(1)    %发展系数
u = ahat(2)    %灰色作用量
%计算 GM(1,1)模型 $\hat{x}^{(1)}(k)$ 值
xhat1(1) =x0(1);
for k =2:(n +10)
  c =x0(1) -u/a;
  xhat1(k) =c * exp(-a * (k -1)) +u/a;
end
%计算 $\hat{x}^{(0)}(k)$ 值,显示预测结果(作累减生成 IAGO)
xhat0(1) =x0(1);
for k =2:(n +10)
  xhat0(k) =xhat1(k) -xhat1(k -1);
end
t1 =1995:2004;
t2 =1995:2014;
plot(t1,x0,'*',t2,xhat0)   %原始数据与预测数据的比较
```

　　　　xhat0 = reshape(xhat0,4,5)　　%将预测值 xhat0 的输出结果重新
　　　　　　　　　　　　　　　　　　　排版

运行结果如下：

```
a =
   -0.0624
u =
  156.6162
xhat0 =
  174.0000  208.3839  267.4616  343.2881  440.6118
  172.8090  221.8010  284.6825  365.3912  468.9812
  183.9355  236.0820  303.0122  388.9175  499.1772
  195.7785  251.2825  322.5221  413.9585  531.3174
```

用后验差检验检验精度，在命令窗口输入：

```
for i = 1:n
  e(i) = x0(i) - xhat0(i);
end
ebar = mean(e);
xbar0 = mean(x0);
S1 = std(x0);
S2 = std(e);
C = S2/S1    %均方差比值
index = abs(e - ebar) < 0.6745 * S1;
p = sum(index)/length(index)    %小误差概率
```

运行结果如下：

```
C =
    0.1870
p =
    1.0
```

可见方差 $C = 0.1870$，小误差概率 $p = 1.0$，模型精度为一级，因此可用作预测模型。

根据 1995—2004 年长江污水量排放数据建立 GM(1, 1) 模型，预测 2014 年长江污水排放量将达到 531 亿吨，污水量很大，应采取积极有效的措施进行治理。

6.2 线性规划问题的 MATLAB 求解

线性规划是指如何最有效或最佳地谋划经济活动. 它所研究的问题有两类: 一类是指一定资源的条件下, 达到最高产量、最高产值、最大利润; 一类是任务量一定, 如何统筹安排, 以最小的消耗去完成这项任务. 如最低成本问题、最小投资、最短时间、最短距离等问题. 前者是求极大值问题, 后者是求极小值问题. 总之, 线性规划是一定限制条件下求目标函数极值的问题.

6.2.1 线性规划问题模型

线性规划问题是目标函数和约束条件均为线性函数的问题, 目标函数可以是求最大值, 也可以是求最小值, 约束条件可以是不等式也可以是等式, 变量可以有非负要求也可以没有非负要求. 为了避免这种由于形式多样性而带来的不便, 规定线性规划问题的标准形式为:

$$\min z = \sum_{j=1}^{n} c_j x_j$$

$$\text{s.t.} \begin{cases} \sum_{j=1}^{n} a_{ij} x_j \leq b_i (i = 1, 2, \cdots, m) \\ x_j \geq 0 (j = 1, 2, \cdots, n) \end{cases}$$

写成矩阵形式为:

$$\min z = \boldsymbol{C}'\boldsymbol{X}$$

$$\begin{cases} \boldsymbol{AX} \leq \boldsymbol{b} \\ \boldsymbol{X} \geq 0 \end{cases}$$

其中, $\boldsymbol{C} = \begin{bmatrix} c_1 \\ c_2 \\ \vdots \\ c_n \end{bmatrix}$, $\boldsymbol{X} = \begin{bmatrix} x_1 \\ x_2 \\ \vdots \\ x_n \end{bmatrix}$, $\boldsymbol{A} = \begin{bmatrix} a_{11} & a_{12} & \cdots & a_{1n} \\ a_{21} & a_{22} & \cdots & a_{2n} \\ \vdots & \vdots & & \vdots \\ a_{m1} & a_{m2} & \cdots & a_{mn} \end{bmatrix}$, $\boldsymbol{b} = \begin{bmatrix} b_1 \\ b_2 \\ \vdots \\ b_m \end{bmatrix}$.

线性规划的标准形式要求目标函数最小化, 约束条件取等式, 变量非负. 不符合这几个条件的线性模型要首先转化为标准型. 线性规划的可行解是满足约束条件的解, 线性规划的最优解是使目标函数达到最优的可行解.

6.2.2 线性规划的 MATLAB 解法

单纯形法是求解线性规划问题的最常用、最有效的算法之一. 单纯形法是一种迭代求解算法. 其基本思路是: 先求得一个可行解, 检验是否为最优解;

若不是，可用迭代的方法找出另一个更优的可行解，经过有限次迭代后，可以找到可行解中的最优解或者判定无最优解. 线性规划是一种优化方法，用单纯法求解时，Matlab优化工具箱中有现成函数linprog进行求解.

MATLAB解决的线性规划问题的标准形式为：

$$\min c'x$$
$$\text{s.t. } Ax <= b\text{（约束条件）}$$
$$Aeq * x = beq\text{（等式约束条件）}$$
$$lb <= x <= ub$$

其中 **c**、**x**、**b**、**beq**、**lb**、**ub** 为向量，**A**、**Aeq** 为矩阵.

其他形式的线性规划问题都可经过适当变换化为此标准形式.

函数：`linprog`

格式：`x=linprog(c,A,b)` %求 min c'*x, s.t.Ax<=b 的最优解；返回值 x 为最优解向量

`x=linprog(c,A,b,Aeq,beq)` %含有等式约束，若没有不等式约束，则令 A=[ ], b=[ ]

`x=linprog(c,A,b,Aeq,beq,lb,ub)` %指定 x 的范围, lb, ub 为 x 的下界和上界

`x=linprog(c,A,b,Aeq,beq,lb,ub,x0)` %x0 为 x 的初始值

`x=linprog(c,A,b,Aeq,beq,lb,ub,x0,options)`
%options 为控制参数

`[x,fval]=linprog(…)` %返回目标函数最优值，即 fval=c'*x

说明：

①还有其他的函数调用格式，在 MATLAB 指令窗口运行 help linprog 可以看到所有的函数调用格式. 如：

`[x,fval,exitflag,output,lambda]=linprog(f,A,b, Aeq, beq,lb,ub,x0)`

输出部分：

exitflag：描述函数计算的退出条件.

➢ 若为正值，表示目标函数收敛于解 x 处；

➢ 若为负值，表示目标函数不收敛；

➢ 若为零值，表示已经达到函数评价或迭代的最大次数.

output：返回优化信息.

➢ output. iterations，表示迭代次数；

- output. algorithm，表示所采用的算法；
- output. funcCount，表示函数评价次数.

lambda：返回 x 处的拉格朗日乘子.
- lambda. lower，表示 lambda 的下界；
- lambda. upper，表示 lambda 的上界；
- lambda. ineqlin，表示 lambda 的线性不等式；
- lambda. eqlin，表示 lambda 的线性等式.

②options 的参数描述：

Display：显示水平.
- 选择 off 不显示输出；
- 选择 Iter 显示每一步迭代过程的输出；
- 选择 final 显示最终结果.

MaxFunEvals：函数评价的最大允许次数.
Maxiter：最大允许迭代次数.
TolX：x 处的终止容限.

6.2.3 线性规划问题实例

某农场 Ⅰ、Ⅱ、Ⅲ 等耕地的面积分别为 100 hm²、300 hm² 和 200 hm²，计划种植水稻、大豆和玉米，要求三种作物的最低收获量分别为 190 000 kg、130 000 kg 和 350 000 kg. Ⅰ、Ⅱ、Ⅲ 等耕地种植三种作物的单产如表 6 - 4 所示. 若三种作物的售价分别为水稻 1.20 元/千克、大豆 1.50 元/千克、玉米 0.80 元/千克. 问：

(1) 如何制订种植计划，才能使总产量最大？
(2) 如何制订种植计划，才能使总产值最大？

表 6 - 4 不同等级耕地种植不同作物的单产   kg/hm²

	Ⅰ等耕地	Ⅱ等耕地	Ⅲ等耕地
水稻	11 000	9 500	9 000
大豆	8 000	6 800	6 000
玉米	14 000	12 000	10 000

首先根据题意建立线性规划模型，决策变量设置如表 6 - 5 所示，表中 x_{ij} 表示第 i 种作物在第 j 等级的耕地上的种植面积.

表 6-5　作物计划种植面积　　　　　　　　　　　　　　　　　hm²

	Ⅰ等耕地	Ⅱ等耕地	Ⅲ等耕地
水稻	x_{11}	x_{12}	x_{13}
大豆	x_{21}	x_{22}	x_{23}
玉米	x_{31}	x_{32}	x_{33}

约束方程如下：

耕地面积约束：$\begin{cases} x_{11}+x_{21}+x_{31} \leqslant 100 \\ x_{12}+x_{22}+x_{32} \leqslant 300 \\ x_{13}+x_{23}+x_{33} \leqslant 200 \end{cases}$

最低收获量约束：$\begin{cases} -11\,000x_{11}-9\,500x_{12}-9\,000x_{13} \leqslant -190\,000 \\ -8\,000x_{21}-6\,800x_{22}-6\,000x_{23} \leqslant -130\,000 \\ -14\,000x_{31}-12\,000x_{32}-10\,000x_{33} \leqslant -350\,000 \end{cases}$

非负约束：$x_{ij} \geqslant 0$（$i=1,2,3$；$j=1,2,3$）

追求总产量最大，目标函数为：

$$\min Z = -11\,000x_{11}-9\,500x_{12}-9\,000x_{13}-8\,000x_{21}-6\,800x_{22} \\ -6\,000x_{23}-14\,000x_{31}-12\,000x_{32}-10\,000x_{33}$$

根据求解函数 linprog 中的参数含义，列出系数矩阵、目标函数系数矩阵，以及约束条件等. 在命令窗口运行：

```
%变量x=(x₁₁,x₁₂,x₁₃,x₂₁,x₂₂,x₂₃,x₃₁,x₃₂,x₃₃)
c=[-11000 -9500 -9000 -8000 -6800 -6000 -14000
   -12000 -10000];
A=[1      0      0      1      0      0      1      0      0;
   0      1      0      0      1      0      0      1      0;
   0      0      1      0      0      1      0      0      1;
  -11000  0      0     -9500   0      0     -9000   0      0;
   0     -8000   0      0     -6800   0      0     -6000   0;
   0      0    -14000   0      0    -12000   0      0    -10000];
b=[100    300    200   -190000  -130000  -350000];
Aeq=[];beq=[];
lb=[0 0 0 0 0 0 0 0 0];
ub=[];
[x,fval]=linprog(c,A,b,Aeq,beq,lb,ub)
```

运行结果如下：

```
x =
    0.0000
    0.0000
    0.0000
    0.0000
    0.0000
    0.0000
  100.0000
  300.0000
  200.0000
fval =
  -7000000
```

从结果可以看出：Ⅰ、Ⅱ、Ⅲ等耕地均种满玉米可以使得总产量最大.
追求总产值最大，目标函数为：

$$\begin{aligned}\max Z &= -1.20 \times (11\,000 x_{11} + 9\,500 x_{12} + 9\,000 x_{13}) \\ &\quad -1.50 \times (8\,000 x_{21} + 6\,800 x_{22} + 6\,000 x_{23}) \\ &\quad -0.80 \times (14\,000 x_{31} + 12\,000 x_{32} + 10\,000 x_{33}) \\ &= -13\,200 x_{11} - 11\,400 x_{12} - 10\,800 x_{13} \\ &\quad -12\,000 x_{21} - 10\,200 x_{22} - 9\,000 x_{23} \\ &\quad -11\,200 x_{31} - 9\,600 x_{32} - 8\,000 x_{33}\end{aligned}$$

在命令窗口输入：

```
c1 =[ -13200, -11400, -10800, -12000, -10200, -9000,
      -11200, -9600, -8000];
A =[1  0  0  1  0  0  1  0  0;
    0  1  0  0  1  0  0  1  0;
    0  0  1  0  0  1  0  0  1;
 -11000    0       0  -9500      0       0  -9000     0       0;
    0  -8000       0      0  -6800       0      0  -6000       0;
    0     0  -14000      0      0  -12000      0     0  -10000];
b =[100  300  200  -190000  -130000  -350000];
Aeq =[];beq =[];
lb =[0 0 0 0 0 0 0 0 0];
ub =[];
[x,fval] = linprog(c1,A,b,Aeq,beq,lb,ub)
```

运行结果如下:

```
x =
   100.0000
   300.0000
   200.0000
     0.0000
     0.0000
     0.0000
     0.0000
     0.0000
     0.0000
fval =
  -6.9000e+006
```

从结果可以看出:Ⅰ、Ⅱ、Ⅲ等耕地均种满水稻可以使总产值最大.

6.3 本章小结

本章主要介绍了灰度预测和线性规划模型的基本理论及其 MATLAB 实现.

6.4 习 题

针对 CUMCM 赛题中 2009 年 D 题会议筹备问题进行实例分析,借助 MATLAB 软件完成分析过程.

2009 高教社杯全国大学生数学建模竞赛 D 题——会议筹备

某市的一家会议服务公司负责承办某专业领域的一届全国性会议,会议筹备组要为与会代表预订宾馆客房,租借会议室,并租用客车接送代表. 由于预计会议规模庞大,而适于接待这次会议的几家宾馆的客房和会议室数量均有限,所以只能让与会代表分散到若干家宾馆住宿. 为了便于管理,除了尽量满足代表在价位等方面的需求之外,所选择的宾馆数量应该尽可能少,并且距离上比较靠近.

筹备组经过实地考察,筛选出 10 家宾馆作为备选,它们的名称用代号①至⑩表示,相对位置见附图 1,有关客房及会议室的规格、间数、价格等数据见附表 1.

附表 1 10 家备选宾馆的有关数据

宾馆代号	客房			会议室		
	规格	间数	价格/(元·天$^{-1}$)	规模/人	间数	价格/[元·(半天)$^{-1}$]
①	普通双标间	50	180	200	1	1 500
	商务双标间	30	220	150	2	1 200
	普通单人间	30	180	60	2	600
	商务单人间	20	220			
②	普通双标间	50	140	130	2	1 000
	商务双标间	35	160	180	1	1 500
	豪华双标间 A	30	180	45	3	300
	豪华双标间 B	35	200	30	3	300
③	普通双标间	50	150	200	1	1 200
	商务双标间	24	180	100	2	800
	普通单人间	27	150	150	1	1 000
				60	3	320
④	普通双标间	50	140	150	2	900
	商务双标间	45	200	50	3	300
⑤	普通双标间 A	35	140	150	2	1 000
	普通双标间 B	35	160	180	1	1 500
	豪华双标间	40	200	50	3	500
⑥	普通单人间	40	160	160	1	1 000
	普通双标间	40	170	180	1	1 200
	商务单人间	30	180			
	精品双人间	30	220			
⑦	普通双标间	50	150	140	2	800
	商务单人间	40	160	60	3	300
	商务套房（1 床）	30	300	200	1	1 000
⑧	普通双标间 A	40	180	160	1	1 000
	普通双标间 B	40	160	130	2	800
	高级单人间	45	180			

续表

宾馆代号	客房			会议室		
	规格	间数	价格/(元·天$^{-1}$)	规模/人	间数	价格/[元·(半天)$^{-1}$]
⑨	普通双人间	30	260	160	1	1 300
	普通单人间	30	260	120	2	800
	豪华双人间	30	280	200	1	1 200
	豪华单人间	30	280			
⑩	经济标准房（2床）	55	260	180	1	1 500
	标准房（2床）	45	280	140	2	1 000

根据这届会议代表回执整理出来的有关住房的信息见附表2. 从以往几届会议情况看，有一些发来回执的代表不来开会，同时也有一些与会的代表事先不提交回执，相关数据见附表3. 附表2、附表3 都可以作为预订宾馆客房的参考.

附表2 本届会议代表回执中有关住房要求的信息 人

	合住1	合住2	合住3	独住1	独住2	独住3
男	154	104	32	107	68	41
女	78	48	17	59	28	19

说明：附表2的表头第一行中的数字1、2、3分别指每天每间120～160元、161～200元、201～300元三种不同价格的房间. 合住是指要求两人合住一间. 独住是指可安排单人间，或一人单独住一个双人间.

附表3 以往几届会议代表回执和与会情况

	第一届	第二届	第三届	第四届
发来回执的代表数量	315	356	408	711
发来回执但未与会的代表数量	89	115	121	213
未发回执而与会的代表数量	57	69	75	104

需要说明的是，虽然客房房费由与会代表自付，但是如果预订客房的数量大于实际用房数量，筹备组需要支付一天的空房费，而若出现预订客房数量不足，则将造成非常被动的局面，引起代表的不满.

会议期间有一天的上、下午各安排6个分组会议，筹备组需要在代表下榻的某几个宾馆租借会议室.由于事先无法知道哪些代表准备参加哪个分组会,筹备组还要向汽车租赁公司租用客车接送代表.现有45座、36座和33座三种类型的客车,租金分别是半天800元、700元和600元.

请你们通过数学建模方法,从经济性、方便性、代表满意度等方面,为会议筹备组制定一个预订宾馆客房、租借会议室、租用客车的合理方案.

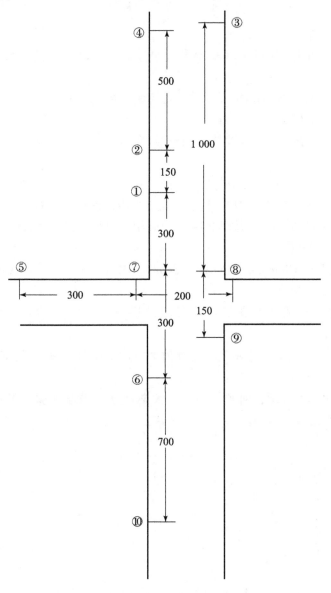

附图1(其中500等数字是两宾馆间距,单位为米)

参 考 文 献

[1] 张志涌. 精通 MATLAB 6.5 教程［M］. 北京：北京航空航天大学出版社，2003.

[2] 刘卫国，等. MATLAB 程序设计与应用（第二版）［M］. 北京：高等教育出版社，2006.

[3] 乐经良，向隆万，李世栋. 数学实验［M］. 北京：高等教育出版社，1999.

[4] 赵静，林琼，但琦. 工科数学实验［M］. 北京：高等教育出版社，2002.

[5] 姜启源. 数学模型［M］. 北京：高等教育出版社，1993.

[6] 卓金武. MATLAB 在数学建模中的应用［M］. 北京：北京航空航天大学出版社，2011.

[7] Finney Weir Giordano. Thomas' Calculus［M］. Tenth Edition. Addsion Wesley Long-man，2001.

[8] 郭锡伯，徐安农. 高等数学实验课讲义［M］. 北京：中国标准出版社，1998.

[9] 李心灿，姚金华，邵鸿飞. 高等数学应用 205 例［M］. 北京，高等教育出版社，1991.

[10] 萧树铁，姜启源，何青，高立. 大学数学　数学实验［M］. 北京：高等教育出版社，1999.